MBD入门
无刷电机控制代码生成

武超　编著 ● 张博　审校

科学出版社
北京

内 容 简 介

本书以模型设计为主线，系统介绍模型设计在电气工程中的基础应用，引导读者直观感受其可视化开发环境，体验从模型验证到嵌入式代码自动生成一步到位的高效。

全书共7章，以Matlab/Simulink为主要MBD工具，从简单的模型入手，渐进式介绍常见数学公式、OP放大器与滤波器、变换器与逆变器的模型设计，然后剖析MBD综合实例——无刷电机控制模型，并着重探讨如何通过MBD实现无刷电机控制代码自动生成。

本书可作为工科院校汽车电子、电力、新能源、机电、电气工程等专业的教材，也可供大学生毕业设计参考，还可作为嵌入式工程师的入门书。

图书在版编目（CIP）数据

MBD入门：无刷电机控制代码生成 / 武超编著. 北京：科学出版社，2025. 1. -- (电子工程关键共性技术). -- ISBN 978-7-03-080138-8

Ⅰ. TM345

中国国家版本馆CIP数据核字第2024X6985E号

责任编辑：喻永光/责任制作：周 密 魏 谨
责任印制：肖 兴/封面设计：张 凌

科 学 出 版 社 出版
北京东黄城根北街16号
邮政编码：100717
http：//www.sciencep.com

三河市春园印刷有限公司印刷

科学出版社发行 各地新华书店经销

*

2025年1月第 一 版 开本：787×1092 1/16
2025年1月第一次印刷 印张：11 3/4
字数：211 000

定价：85.00元

前　言

笔者研究无刷电机控制，始于2016年指导学生参加无人机应用大赛。彼时，笔者带领的队伍在赛前训练中经历了无数次失败，尤其是频繁烧毁电机的挫折，一度让笔者陷入迷茫，深感技研之路“道阻且长”。自那时起，笔者投身于各大技术论坛，孜孜不倦地学习、模仿和实践，切实体会到了“知易行难”的深刻意义。

传统开发流程使用实物进行产品功能性实验，开发进度通常依赖于前一阶段的完成情况，一旦前期设计存在缺陷或项目需求发生变化，后期迭代成本将显著增加。这无疑抬高了初学者入门的门槛，甚至会导致不少人知难而退。

基于模型的开发（model-based development，MBD）以模型为核心，所有设计和测试活动都围绕模型进行。通过在项目初期建立精确的系统模型，开发团队能够在无物理原型的情况下进行控制算法设计，并将其自动转化为C代码，从而实现高效、灵活且低成本的开发流程。而模型是抽象产物，在仿真过程中不会损坏，可以无损重复设计与实验。

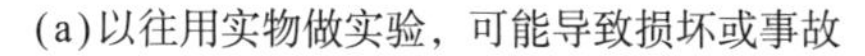
(a)以往用实物做实验，可能导致损坏或事故

(b)模型不会损坏，随时可以确认动作并重新设计

MBD没有硬件成本，支持重复设计

笔者旨在引导读者从基础入门，逐步深入到MBD在无刷电机控制中的应用。

全书共7章。第1章讲解Matlab/Simulink软件的基础操作。第2章介绍三角函数和欧拉公式的模型设计。第3章着重介绍运算放大器的电路、频率特性，以及无源、有源滤波器的模型设计。第4章具体介绍降压型、升压型及降压－升压型变换器的模型设计。第5章进一步讲解半波整流器、全波整流器及 DC-AC 逆变器的模型设计。第 6 章深入剖析 BLDC 的旋转模型，以及基于 DC-DC 变换器和 DC-AC 逆变器的控制模型。第 7 章是本书的重点，详尽阐述了 BLDC 启动代码的生成流程，包括 BLDC 启动模型的整体设计，以及 ADC 模块、USART 模块、占空比计算与定时器模块的设计等，实现 LED 控制、占空比信号读取、六步换相逻辑控制、三相全桥驱动、定时器控制及串口通信等功能。

Matlab 提供了多种功能强大的 MBD 工具，如 Embedded Coder 可生成嵌入式代码，AUTOSAR Components 支持 AUTOSAR 应用层开发，Stateflow 用于构建状态机与流程图。此外，针对各大品牌的微控制器，Matlab 还提供了相应的硬件支持包（如针对 STMicroelectronics 的 Embedded Coder Support Package）。

Matlab/Simulink 的图形化编程功能使得 IO、ADC、PWM、CAN 接口等功能模块的实现如同拖拽图形般简单。经过仿真验证后，自动生成的控制代码即可烧录至微控制器中进行硬件验证。接口工具箱就像硬件的输入输出引脚，既可采集信号，也可输出信号，非常适合快速原型开发。

本书所有内容均在实验室进行了验证，仿真模型文件亦向所有读者开放下载。

如果读者朋友们能因本书而涉足 MBD 或无刷电机控制，哪怕是点亮一个 LED，笔者都深感荣幸。

说　明

考虑到 Matlab/Simulink 界面的实际情况，模型设计与仿真相关截图中的符号未做正斜体、上下角规范，敬请注意。

目 录

第 1 章 Matlab/Simulink 入门：公式推导及模型设计

第 2 章 工程数学与模型设计：三角函数、指数函数、微积分

第 3 章 放大器与滤波器模型设计

第 4 章 PWM 与 DC-DC 变换器的模型设计

第1章
Matlab/Simulink入门：公式推导及模型设计

本章将介绍模型设计工具 Matlab/Simulink 的使用方法，以常见的数学公式为目标设计模型并进行结果确认。

1.1 尝试使用Matlab

第1步：启动Matlab

启动 Matlab 后的操作界面如图 1.1 所示，在❸命令行窗口中输入 2*3，得到了结果 6。图 1.1 中各个部分介绍如下。

❶ 文件夹路径，可修改主文件夹位置。

❷ 文件夹内容，在 Simulink(.slx) 中设计的模型可通过双击打开。

❸ 命令行窗口，用于输入 Matlab 命令。

❹ 工作区，表示变量内容。

❺ Simulink 启动键。

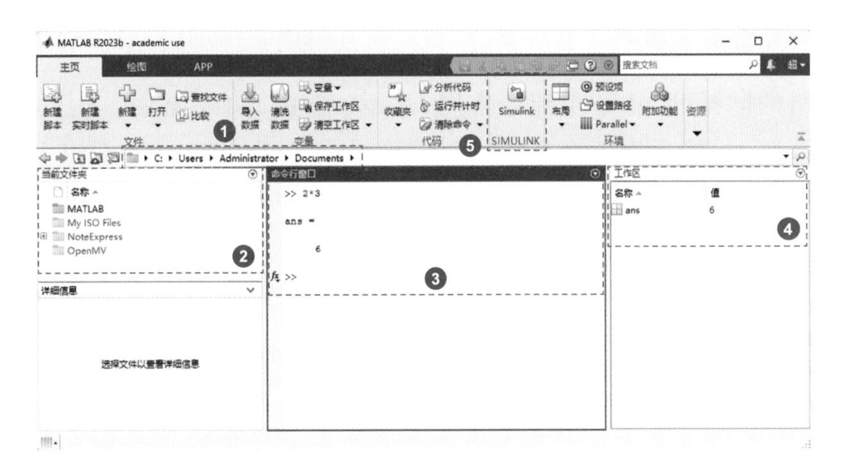

图 1.1　Matlab 运行界面

第2步：输入命令

下面通过❸命令行窗口，使用 Matlab 的计算功能。

● 运算，代入变量

在命令行窗口中“>>”右边输入下列命令并回车：

```
>> y=5*10
```

得到结果：

```
y=
     50
```

同时，❹工作区中显示变量名称 y，值 50。

输入以下命令，如果在行尾加上分号（;），则命令行窗口不显示运算结果，但是工作区中多了变量 z，值 15。

```
>>z=1.5*10
```

输入“clear 变量名”（如 clear y），则清除对应变量的名称和值。输入 clear all，可清空所有变量的名称和值。

● 虚数运算

我们来尝试难度稍高的虚数运算，在命令行窗口中输入以下命令并回车：

```
>>x=i*i
```

工作区显示变量 x，值 -1。i 是虚数，$i=\sqrt{-1}$，所以 $i^2=-1$。

在电路的世界里，由于电流通常用 i 表示，虚数 i 并不常用。为了避免混淆，这里用 j 代替 i。输入以下命令也可以得到 -1。在 Matlab 中，i 和 j 是预定义变量，被定义为常数。

```
>> x2=j*j
```

● 矩阵运算

输入以下命令并回车：

```
>>a=[1 2 3 4 5];
>>b=[6,7,8,9,10];
>>c=a+b;
```

观察工作区，变量 c 是 [1+6, 2+7, 3+8, 4+9, 5+10] 的计算结果，值为 [7, 9, 11, 13, 15]。事实上，变量 a 和 b 都是 1 行 5 列的矩阵。

矩阵符号“[ ]”之间的元素以空格或逗号分隔，若想追加行，则用分号（;）分隔。例如，输入以下命令并回车：

```
>>d=[1,2;3,4];
>>e=[5,6;7,8];
>>f=d+e;
>>f
```

运算结果如下：

```
f=
     6     8
    10    12
```

下面尝试矩阵乘法。

将矩阵加法命令：

```
>>c=a+b
```

改为矩阵乘法并回车：

```
>>c=a*b
```

错误提示中将显示“矩阵乘法对应的维度不正确”。这是因为两个矩阵相乘时，第一个矩阵的列数 n 必须等于第二个矩阵的行数 n，相乘的结果具有第一个矩阵的行数 m 和第二个矩阵的列数 m，如图 1.2 所示。

$$A\times B=\begin{bmatrix} a_{11} & a_{12} & a_{13} & a_{14} & \cdots & a_{1n} \\ a_{21} & a_{22} & a_{23} & a_{24} & \cdots & a_{2n} \\ & & & & \ddots & \\ a_{m1} & a_{m2} & a_{m3} & a_{m4} & \cdots & a_{mn} \end{bmatrix}\times\begin{bmatrix} b_{11} & b_{12} & & b_{1m} \\ b_{21} & b_{22} & & b_{2m} \\ b_{31} & b_{32} & & b_{3m} \\ & & \ddots & \\ b_{n1} & b_{n2} & & b_{nm} \end{bmatrix}$$

$$mn\times nm=mm$$

图 1.2 矩阵乘法

输入以下命令并回车：

```
>>b2=[6;7;8;9;10];
>>c2=a*b2
```

得到 1 行 5 列 ×5 行 1 列的乘法结果 130（1 行 1 列：标量）。

1.2　用Simulink设计常用公式模型

第1步：启动Simulink

点击图 1.1 中的 ❺Simulink 按钮，或在 ❸ 命令行窗口中输入下列命令，即可启动 Simulink：

```
>>Simulink
```

Simulink 起始页如图 1.3 所示。

图 1.3　Simulink 的启动画面

选择“空白模型”，弹出图 1.4 所示的空白画布。

点击菜单栏的“库浏览器”，图 1.5 所示的 Simulink 库浏览器就会出现，库浏览器包含用于模型设计的模块。图 1.5 中的 ❶ 为模块列表区，❷ 为模块展示区，❸ 为模块搜索栏。

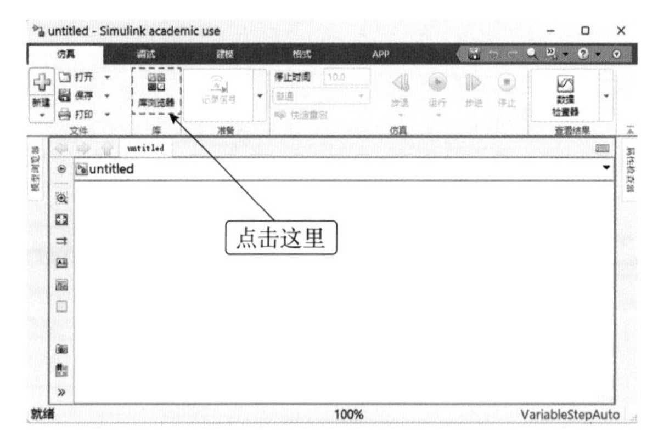

图 1.4　Simulink 的空白画布

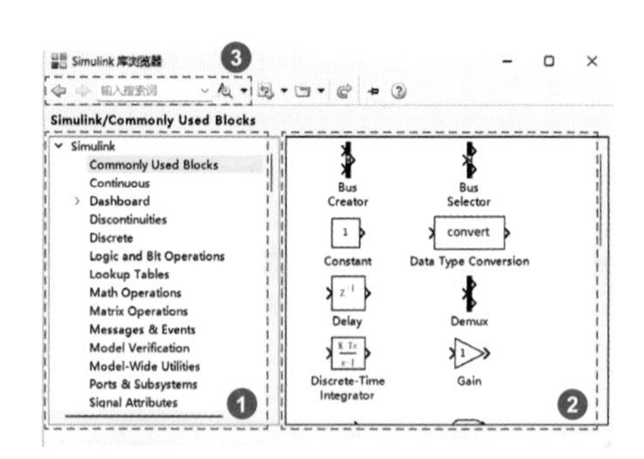

图 1.5　Simulink 库浏览器

第2步：创建乘法模型

建立下列公式的模型。

$$x=i\times i$$

保存画布

选择菜单栏的“文件→保存→另存为”，保存空白模型。这里命名为 Simulinkii.slx，表示 Simulink 的 i*i 模型。Simulink 文件扩展名为“.slx”。

选择模块进行配置

在 Simulinkii 画布上配置库浏览器中的模块。如图 1.6 所示，右键点击 Simulink 库浏览器中的模块，选择“向模型 Simulinkii 中追加模块（A）”，即可在 Simulinkii 画布上配置模块，也可以直接将模块拖放到画布中。

所用的模块见表 1.1，按照图 1.7 配置模块并连线，连线就是信号线，表示模块之间的逻辑关系。

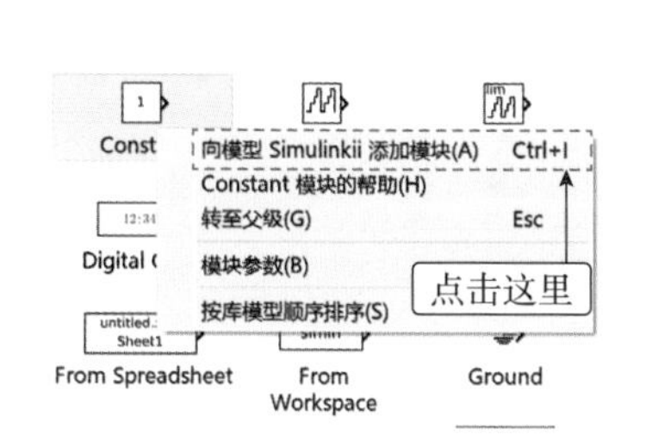

图 1.6 从库浏览器向画布中配置模块的方法

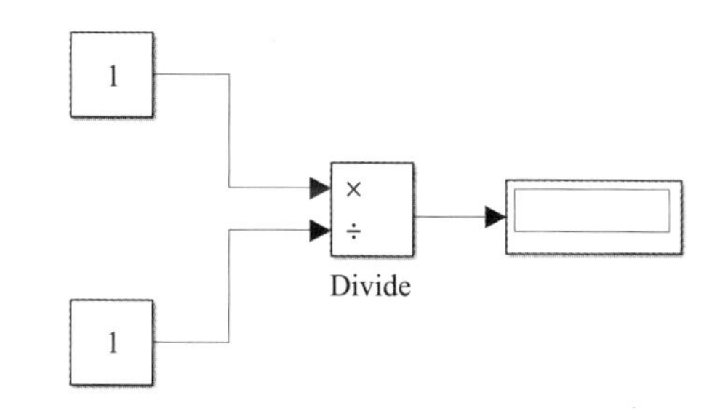

图 1.7 乘法模型：模块配置

表 1.1 乘法模型所用的模块

分 类	模块名	模块的含义	数 量
Commonly Used Block	Constant	常 量	2
Math Operations	Divide	除法器	1
Sinks	Display	显示器	1

注：使用多个同名模块时要检查其类别。

修改模块值

Divide 模块的功能是用“×”端子输入的值除以“÷”端子输入的值，并输出计算结果。因此，图 1.7 所示模型的含义为

```
>> 1/1
```

双击图 1.7 中的各个模块，按照图 1.8 修改参数。如图 1.8（b）所示，将 Divide 模块参数“输入数目”由“*”改为“**”，表示输入两个值，分别进行乘法计算。

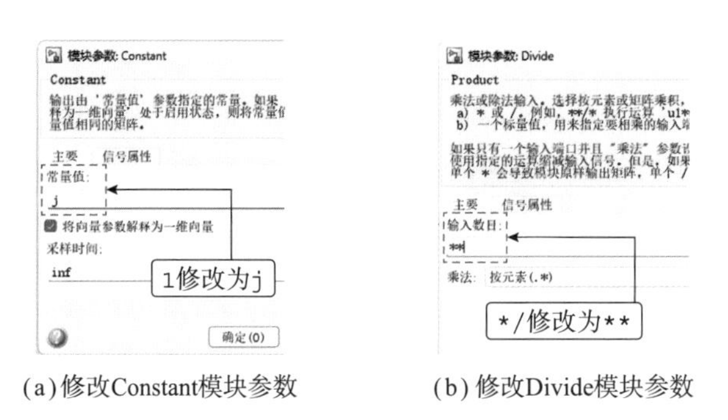

(a) 修改Constant模块参数　　(b) 修改Divide模块参数

图 1.8　乘法模型：修改模块参数

运行仿真

修改参数后的模型如图 1.9 所示，点击 ❶“运行”按钮开始仿真，得到 ❷ 输出结果 -1。可以看出，使用模型可以随时确认设计是否正确。

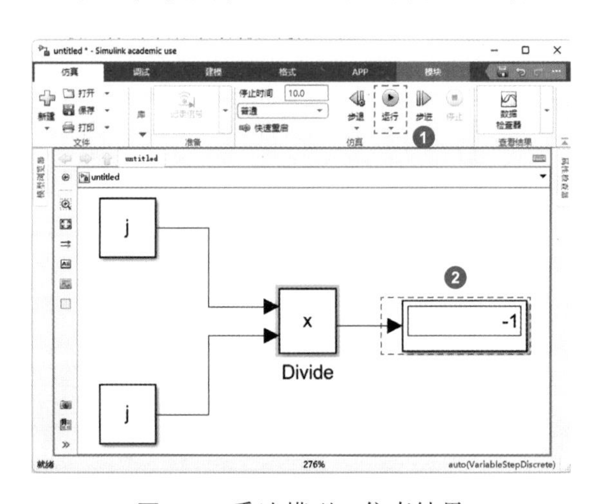

图 1.9　乘法模型：仿真结果

第3步：创建通用乘法模型

替换模块

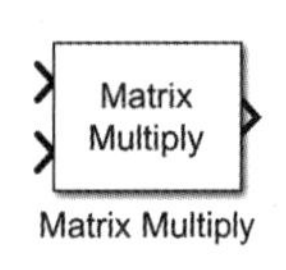

图 1.10　通用乘法模型所用的 Matrix Multiply

图 1.9 所示模型是 j*j 专用模型。接下来，我们来实现计算两个任意值的通用乘法模型。用 Simulink 库浏览器中 Matrix Operations 分类下的 Matrix Multiply 模块（图 1.10），替换 Divide 模块。

■ 保存画布

按照图 1.11 替换模块并运行，确认得到结果 -1 后保存，这里另存为 multiToVals.slx。

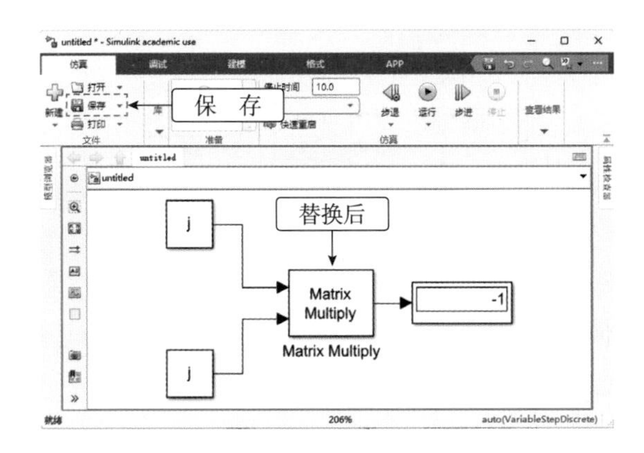

图 1.11　通用乘法模型：用 Matrix Multiply 模块替换 Divede 模块

■ 修改 Constant 模块参数

如图 1.12 所示，将 Constant 模块的常量值 j 修改为 In0 和 In1，具体操作如下。

❶ 点击 Constant 模块。

❷ 将两个 Constant 模块分别改为 In0 和 In1。

❸ 去掉“将向量参数解释为一维向量”勾选。

❹ 点击“应用”。

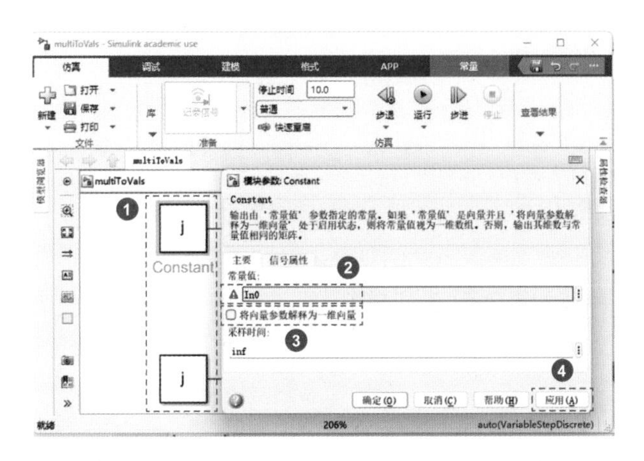

图 1.12　通用乘法模型：设定 Constant 模块

In0/In1 的参数设定

设定完成后如图 1.13 所示，In0 和 In1 上出现红框，表示 In0 和 In1 均未设定变量（参数）值。In0 和 In1 的参数设定方法有两种。

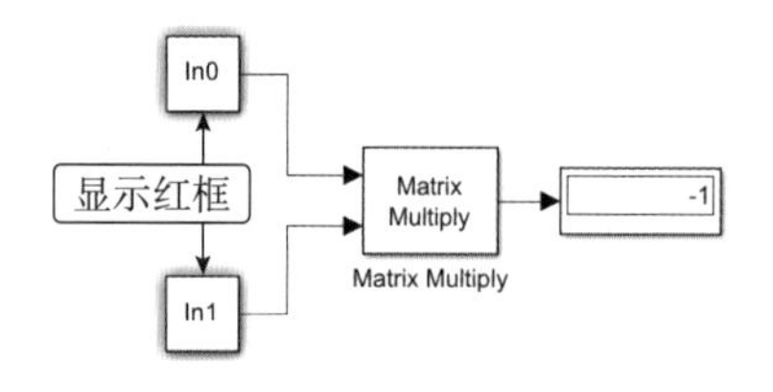

图 1.13　通用乘法模型：由于未设定 In0/In1 参数，显示红框

（1）方法 1：使用 Matlab，在模型外部进行参数设定。

在命令行窗口中输入以下命令：

```
>>In0=j;
>>In1=j;
```

点击“运行”，结果输出 -1。

输入以下命令：

```
>>In0=10;
>>In1=-20;
```

点击“运行”，结果输出 -200。

输入以下命令：

```
>>In0=[1 2 3 4 5];
>>In1=[6;7;8;9;10];
```

点击“运行”，结果输出 130。

输入以下命令：

```
>>In0=[1 2;3 4];
>>In1=[5 6;7 8];
>>In0*In1
```

点击“运行”，结果输出 2 行 2 列的矩阵。

```
ans=
    19 22
    43 50
```

在 Matlab 上计算 In0*In1 的结果（ans），与 Simulink 上的模型输出（图 1.14）一致。

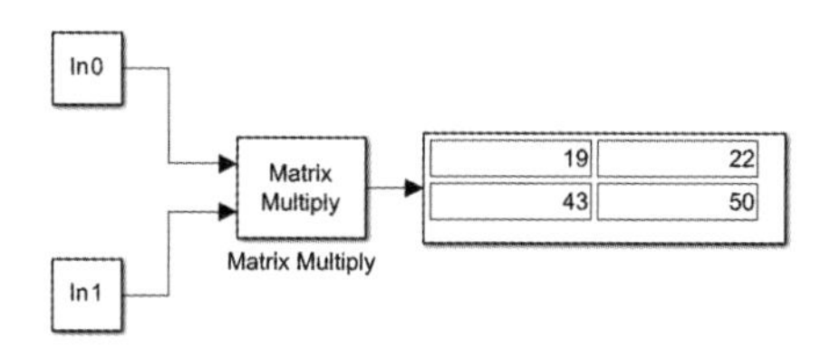

图 1.14 通用乘法模型：2 行 2 列矩阵乘法计算结果

（2）方法 2：使用 Simulink，仿真前在模型内部进行设定。

右键点击画布空白处，选择“模型属性”，弹出图 1.15 所示界面。选择“模型回调”标签下的 InitFcn（运行仿真前调用的函数），设定 In0 和 In1 的参数，输入模型初始化函数的值。

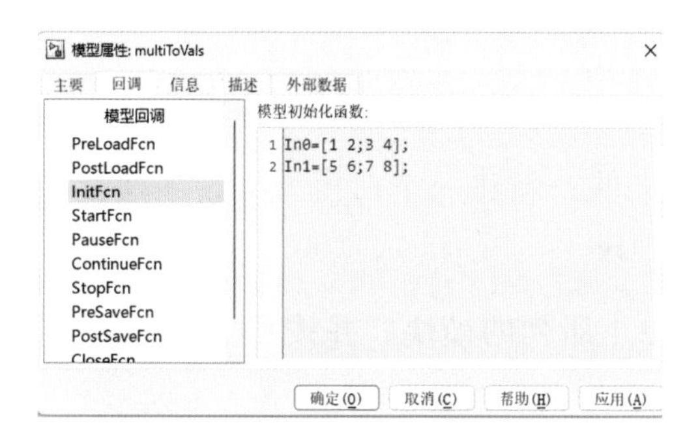

图 1.15 模型参数设定画面

以防万一，运行模型前从 Matlab 命令行窗口中清除变量 In0 和 In1：

```
>>clear In0
>>clear In1
```

运行后得到图 1.14 所示的结果。

这种方法的缺点是，使用 j 等常量时，就会失去通用性。

MBD 的优势在于可以反复使用相同模型，方便修改参数。鉴于此，建议使用方法 1，在模型外部设定参数。

第2章

工程数学与模型设计：三角函数、指数函数、微积分

本章将介绍在电气工程和机械工程等领域广泛应用的三角函数、指数函数、微积分的模型设计，由此推导公式，通过结果检查确认和理解它们的内涵。

2.1 正弦函数

正弦波显示模型

选择菜单栏的“文件→新建→空白模型”，新建空白画布。这里将该画布保存为 twoTypeOfSin.slx。

在画布上配置表 2.1 所列的模块，并按图 2.1 进行连接。

表 2.1 正弦波显示模型所用的模块

类　别	模块名	模块的含义	数　量
Sources	Sine Wave	正弦波	1
Math Operations	Sine Wave Functions	正弦函数	1
Sources	Clock	时　钟	1
Commonly Used Blocks	Scope	示波器	1

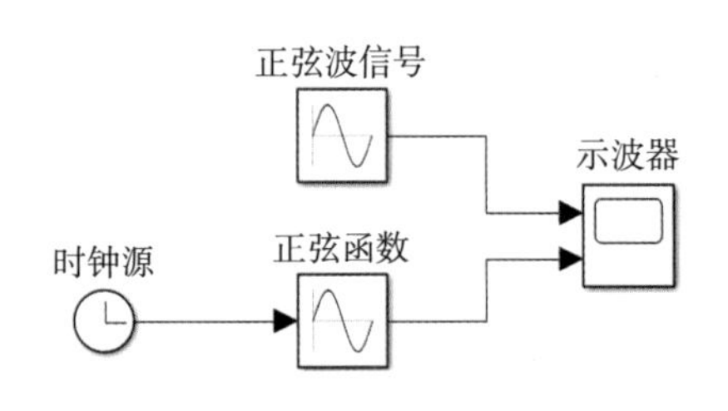

图 2.1 正弦波显示模型：模块配置

如图 2.2 所示，将示波器模块 Scope 改为 2 输入，并通过“视图→布局”设定为 2 行 1 列以便显示 2 路波形。

仿真结果如图 2.3 所示，2 路波形相同，振幅为 1，频率为 1rad/s，相位为 0rad，仿真时间为 10s。

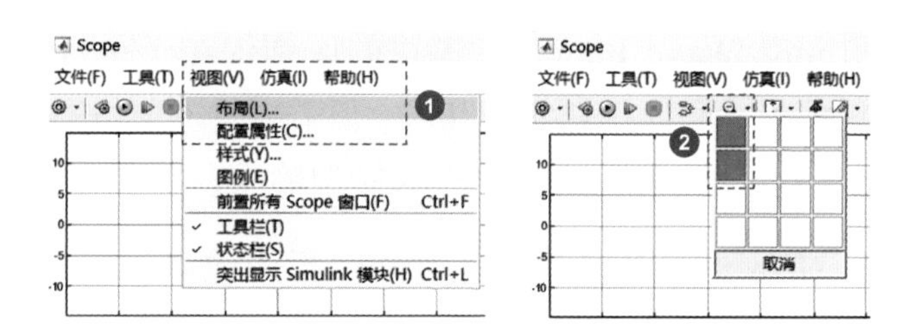

图 2.2 正弦波显示模型：修改 Scope 设定，以便显示 2 路波形

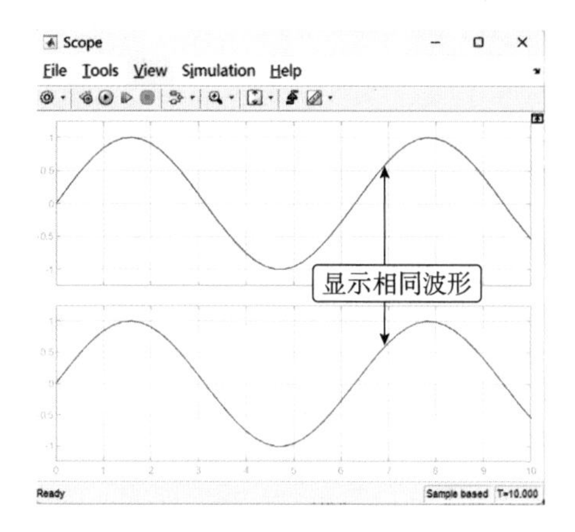

图 2.3 正弦波显示模型：仿真结果

显示余弦波

2 路波形相同的原因是 2 个模块的参数设定为相同的默认值。双击 Sine Wave 模块和 Sine Wave Function 模块可以查看其参数信息，如图 2.4 所示。

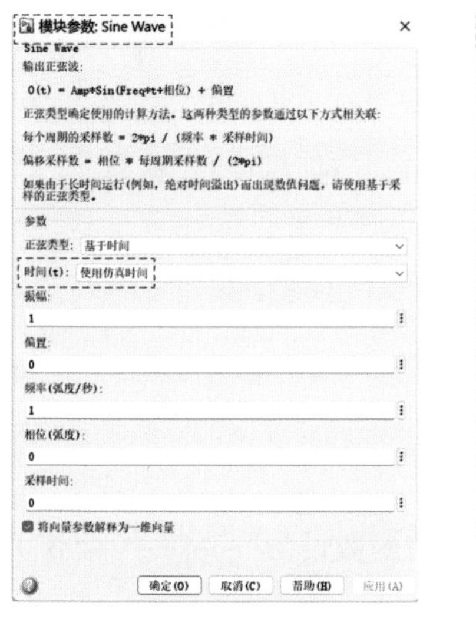

(a) Sine Wave模块

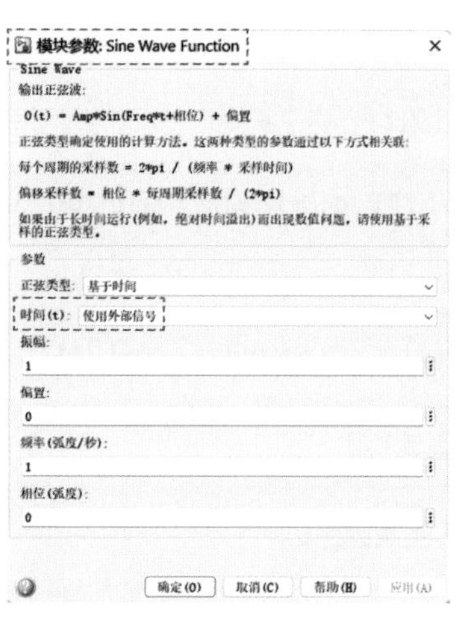

(b) Sine Wave Function模块

图 2.4 正弦波显示模型：检查模块参数

Sine Wave 模块和 Sine Wave Function 模块的区别仅在于是否使用外部信号，如果输入为正弦波信号，可以任意使用其一，但需要注意，仿真的横轴是时间 t。特意使用 Clock 模块，是因为常用时间作为模型输入。

将图 2.4（b）中的相位设定为 `+pi/2` 并运行，便可显示余弦波，如图 2.5 下方曲线所示。这里将该模型保存为 sinCosine.slx。

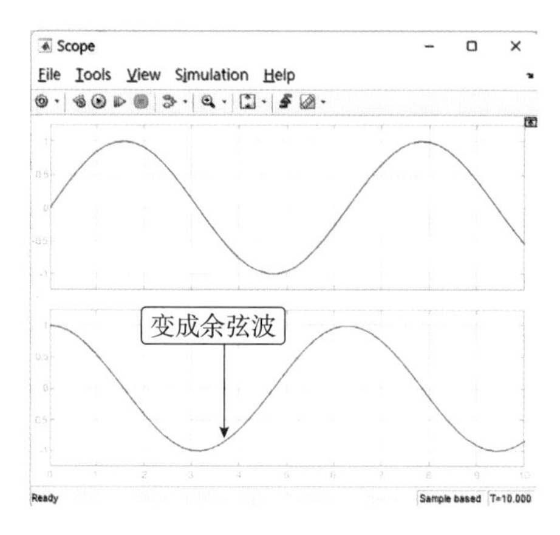

图 2.5 正弦波显示模型：显示余弦波

2.2 余弦函数与欧拉公式

下面介绍如何使用 Trigonometric Function 模块，以时间 t 为输入，对余弦函数进行建模，并利用指数函数进行三角函数建模。

建立余弦函数模型

创建空白画布并保存为 trigonoFunc.slx，对以下两式建模。

$$y(t) = A\cos(\omega t) = 3\cos(t) \tag{2.1}$$

$$y(t) = A\cos(\omega t) = 3\cos(2t) \tag{2.2}$$

模块配置

所用模块见表 2.2。

Trigonometric Function 模块参数中的函数设为“cos”（余弦），如图 2.6 所示。

按照图 2.7 配置模块并设定参数。

表 2.2 余弦函数模型所用的模块

类 别	模块名	模块的含义	数 量
Sources	Clock	时 钟	2
Commonly Used Blocks	Gain	增 益	3
Math Operations	Trigonometric Function	三角函数	2
Commonly Used Blocks	Scope	示波器	1

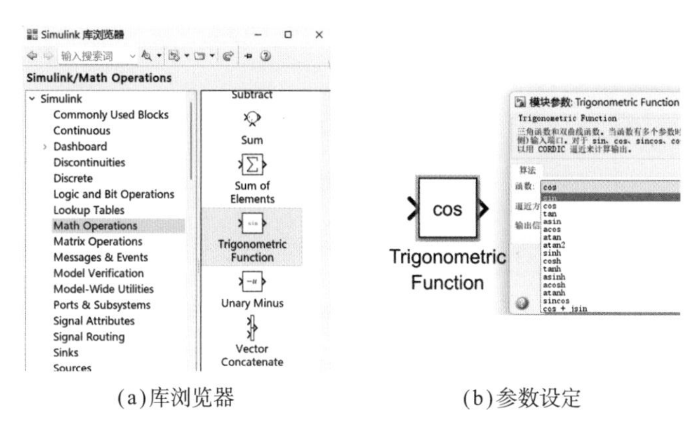

(a)库浏览器　　　　(b)参数设定

图 2.6 余弦函数模型：Trigonometric Function 模块的参数设定

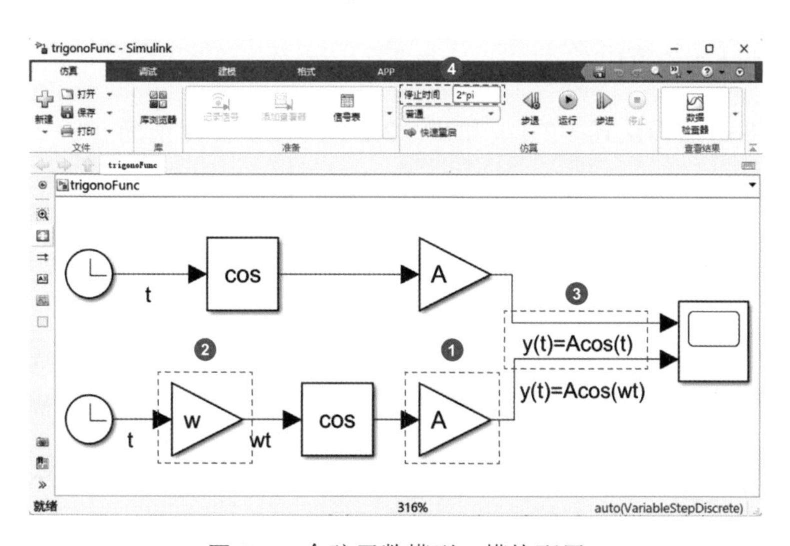

图 2.7 余弦函数模型：模块配置

所用的 Gain 模块（图 2.7 中的横向三角形）能够对输入值（信号）进行常数倍放大。双击 Gain 模块可打开参数页，修改参数。默认增益为 1，这里根据模型公式将增益改为 A 和 ω。由于 Matlab/Simulink 中无法输入 ω，故用 w 代替。

Scope 模块重叠显示 2 路波形，因此仅需修改输入数。

如图 2.7 所示，❶$y(t)=A\cos(\omega t)$ 中的 A，相当于图 2.4 的振幅；❷$y(t)=$

$A\cos(\omega t)$ 中的 ω，相当于图 2.4 的频率；双击 ❸ 信号线可以输入信号名；❹ 停止时间为 2*pi，即 2π（s）。

在命令行窗口中作如下设定，仿真结果如图 2.8 所示。

```
>>A=3;
>>w=2;
```

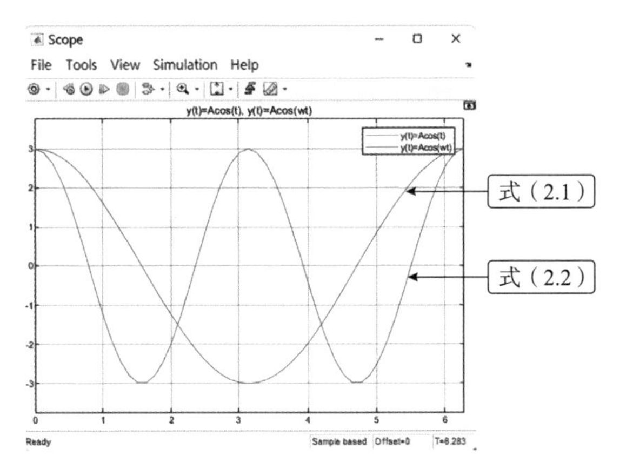

图 2.8　余弦函数模型：仿真结果

仿真结果分析

由图 2.8 可以确认式（2.1）和式（2.2）的模型设计正确。

首先，振幅 A 设为 3 时，波形的极值为 ±3。

其次，式（2.1）和式（2.2）为中频率 ω 分别为 1rad/s 和 2rad/s，由于设置停止时间 t=2π（s），因此

式（2.1）：ωt = 1（rad/s）×2π（s）= 2π（rad），即 1 周

式（2.2）：ωt = 2（rad/s）×2π（s）= 4π（rad），即 2 周

可以确认频率也得到了正确建模。此外要注意，$\cos(\theta)$ 的角度 θ（rad）是时间函数 ωt。

建立欧拉公式模型

欧拉公式的推导

数学建模习惯使用 i 作为虚数单位，这里也使用 i。对于欧拉公式：

$$\cos(t)=\frac{e^{it}+e^{-it}}{2} \tag{2.3}$$

$$\sin(t)=\frac{\mathrm{e}^{it}+\mathrm{e}^{-it}}{2i} \tag{2.4}$$

根据下列步骤画出欧拉公式在复平面上的参考图，如图 2.9 所示。

（1）画横轴 Re（实轴），纵轴 Im（虚轴）。

（2）以坐标原点为圆心画半径为 1 的圆。

（3）以圆心为起点，以与 Re 轴夹角 t 作射线，射线与圆的交点为 e^{it}。

（4）以圆心为起点，以与 Re 轴夹角 $-t$ 作射线，射线与圆的交点为 e^{-it}。

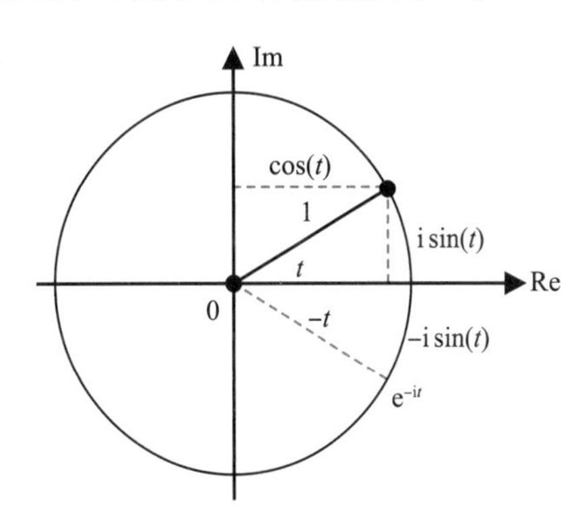

图 2.9 复数平面的单位圆

根据图 2.9 推导式（2.3）和式（2.4）。通过三角关系不难得出，e^{it} 的横、纵坐标分别是 $\cos(t)$ 和 $\mathrm{i}\sin(t)$。同理，e^{-it} 的横、纵坐标分别是 $\cos(t)$ 和 $-\mathrm{i}\sin(t)$。下式成立：

$$\mathrm{e}^{it}=\cos(t)+\mathrm{i}\ \sin(t) \tag{2.5}$$

$$\mathrm{e}^{-it}=\cos(t)-\mathrm{i}\ \sin(t) \tag{2.6}$$

进行简单相加和差分后，可推导出下式：

$$\mathrm{e}^{it}+\mathrm{e}^{-it}=2\cos(t) \tag{2.7}$$

$$\mathrm{e}^{it}-\mathrm{e}^{-it}=2\mathrm{i}\ \sin(t) \tag{2.8}$$

变形即可得到式（2.3）和式（2.4）。

e^{it} 建模

确认 e^{it} 的动态后，便可利用 e^{it} 模型对欧拉公式进行模型设计。

保存空白画布为 eulerBase.slx，使用表 2.3 所列的模块进行 e^{it} 模型设计，如图 2.10 所示。

表 2.3 e^{it} 模型所用的模块

类 别	模块名	模块的含义	数 量
Sources	Clock	时 钟	1
Commonly Used Blocks	Gain	增 益	1
Math Operations	Math Function	数学函数	1
Math Operations	Complex to Real-Imag	实部虚部分离	1
Commonly Used Blocks	Scope	示波器	1
Sinks	XY Graph	二维图	1

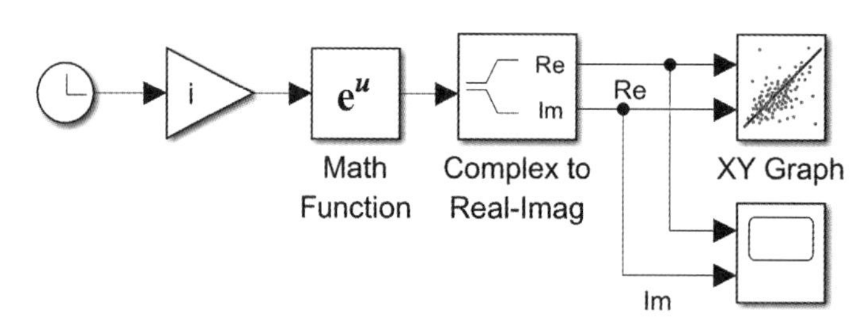

图 2.10 e^{it} 模型：模块配置

停止时间 2π，Scope 模块显示波形如图 2.11（a）所示。此外，用 XY Graph 模块绘图以显示圆，如图 2.11（b）所示。

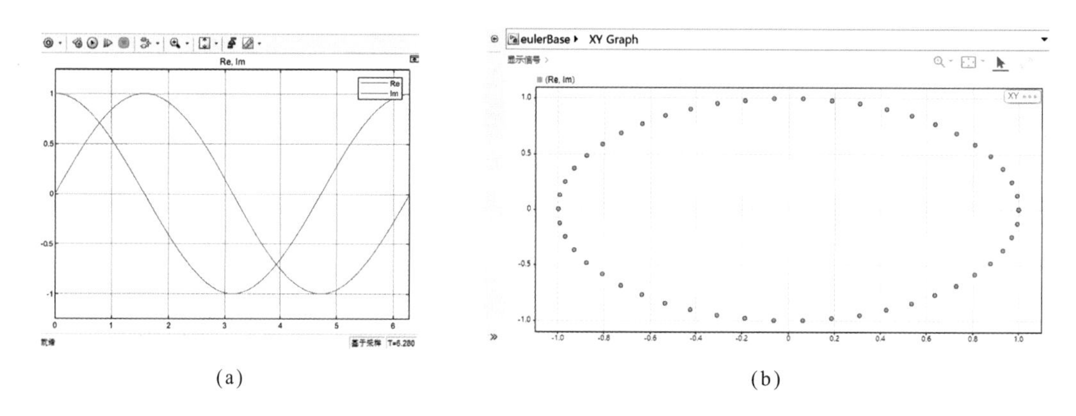

(a) (b)

图 2.11 e^{it} 模型：仿真结果

在视图中，按住键盘的 Ctrl+E 键，可调出模型配置参数界面，如图 2.12 所示。模型的代码生成方法、格式等约束条件都在这里设定。

图 2.12 e^{it} 模型：模型配置参数界面

选择❶求解器类型为“定步长”，单击❷“求解器详细信息”，修改❸固定步长为“0.01”。

拖拽视图边框可以调整大小和尺寸，如图 2.13 所示。

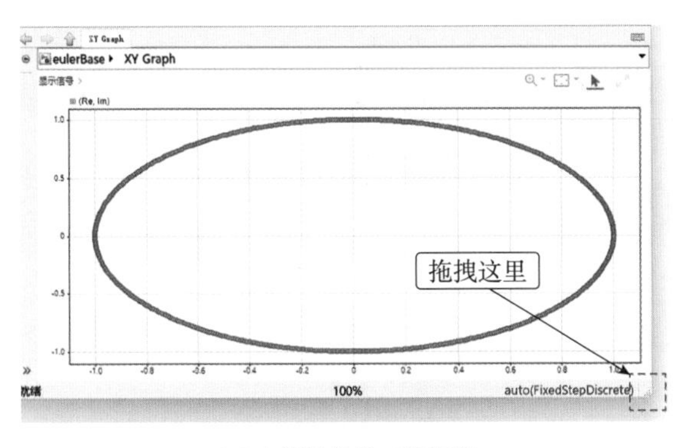

(a) 未调整前的二维图形

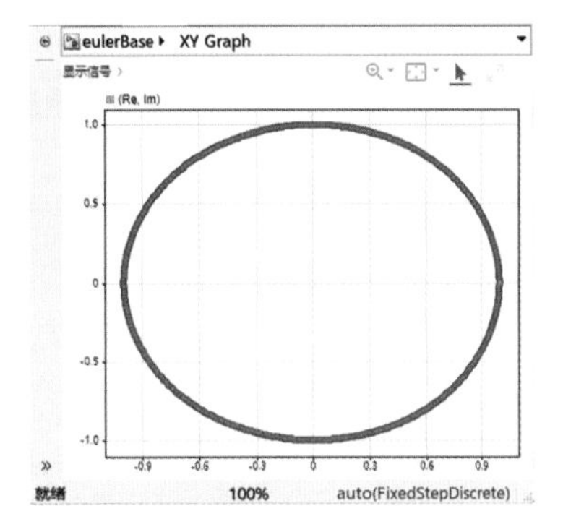

(b) 调整视图边框后的二维图形

图 2.13 e^{it} 模型：仿真结果显示效果调整

欧拉公式模型设计

下面对式（2.3）进行模型设计。保存空白画布为 euler.slx，所用模块见表 2.4，按图 2.14 配置模块。

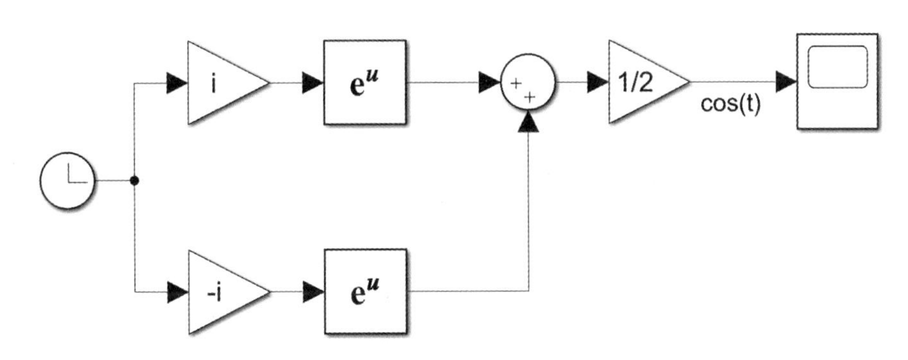

图 2.14 欧拉公式模型：模块配置

表 2.4 欧拉公式模型所用的模块

类 别	模块名	模块的含义	数 量
Sources	Clock	时 钟	1
Commonly Used Blocks	Gain	增 益	3
Math Operations	Math Function	数学函数	2
Commonly Used Blocks	Sum	加法器	1
Sinks	Scope	示波器	1

停止时间 2π（s）可以得到 $\cos(t)$，如图 2.15 所示。Scope 可以分别显示复数的实部（real）和虚部（imag）。点击图 2.15 中虚线框内的“imag”可以显示 / 隐藏虚部。

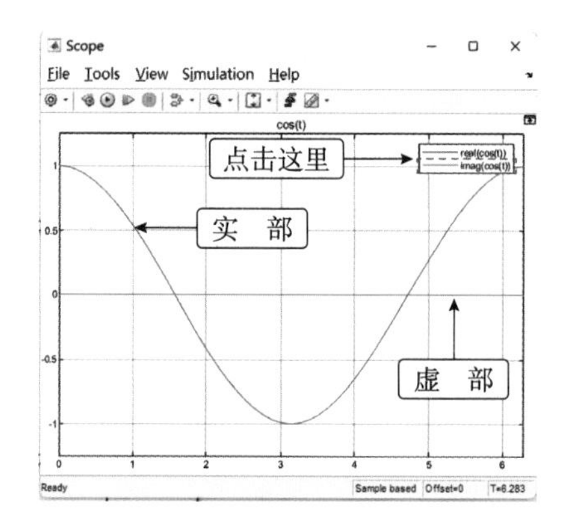

图 2.15　欧拉公式模型：仿真结果

2.3　指数函数和三角函数的微积分

指数函数的微分

微分的概念

以图 2.16 所示指数函数 e^t 的微分为例。微分的实质是求函数在某一点的切线的斜率。用极限的思想来说，切线就是函数上无限接近的两点的连线（相当于让 h 无限接近 0）。

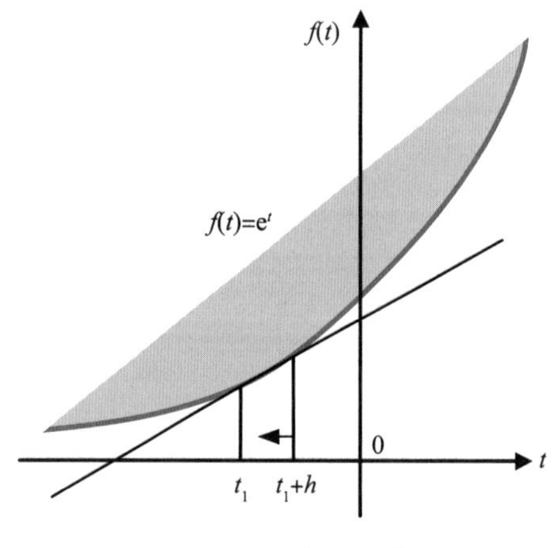

图 2.16　e^t 的微分

该函数任意处的微分可表示为下式：

$$
\begin{aligned}
f'(t) &= \lim_{h\to 0}\frac{f(t+h)-f(t)}{h} = \lim_{h\to 0}\frac{\mathrm{e}^{t+h}-\mathrm{e}^{t}}{h} = \lim_{h\to 0}\frac{\left(\mathrm{e}^{t}\cdot \mathrm{e}^{h}\right)-\mathrm{e}^{t}}{h} \\
&= \lim_{h\to 0}\frac{\mathrm{e}^{t}\left(\mathrm{e}^{h}-1\right)}{h} = \lim_{h\to 0}\frac{\left(\mathrm{e}^{h}-1\right)}{h}\lim_{h\to 0}\mathrm{e}^{t} = \mathrm{e}^{t}\cdot\lim_{h\to 0}\frac{\left(\mathrm{e}^{h}-1\right)}{h}
\end{aligned} \tag{2.9}
$$

可以看出，式（2.9）的关键在于极限部分 $\lim\limits_{h\to 0}\frac{\mathrm{e}^{t}\left(\mathrm{e}^{h}-1\right)}{h}$。

由高等数学中极限的概念可知，在 $h\to 0$ 的情况下，$\mathrm{e}^{h}-1$ 和 h 为等价无穷小，即 $\lim\limits_{h\to 0}\frac{\left(\mathrm{e}^{h}-1\right)}{h}=1$。因此，该函数在任意处的微分为

$$
f'(t)=\mathrm{e}^{t}\cdot\lim_{h\to 0}\frac{\left(\mathrm{e}^{h}-1\right)}{h}=\mathrm{e}^{t} \tag{2.10}
$$

对极限进行模型设计

对 $\lim\limits_{h\to 0}\frac{\left(\mathrm{e}^{h}-1\right)}{h}$ 进行模型设计。所用模块见表 2.5，按照图 2.17 进行配置。将空白画布保存为 limith0.slx。

表 2.5 $\lim\limits_{h\to 0}\frac{\left(\mathrm{e}^{h}-1\right)}{h}$ 模型所用的模块

类　别	模块名	模块的含义	数　量
Commonly Used Blocks	Constant	常　量	1
Commonly Used Blocks	Sum	加法器	2
Commonly Used Blocks	Scope	示波器	1
Commonly Used Blocks	Math Function	数学函数	1
Sources	Clock	时　钟	1
Math Operations	Divide	除法器	2

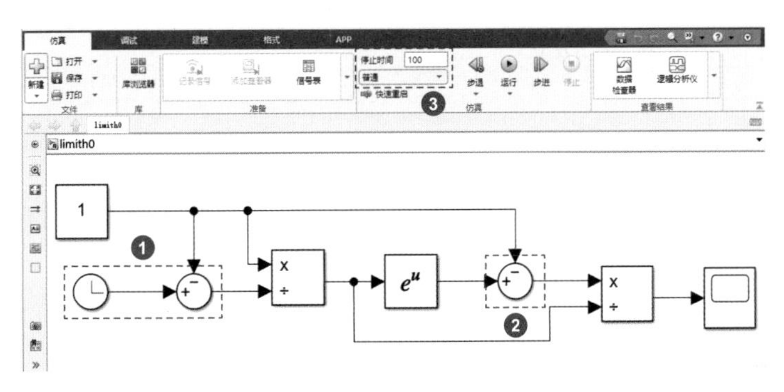

图 2.17 $\lim\limits_{h\to 0}\frac{\left(\mathrm{e}^{h}-1\right)}{h}$ 模型：模块配置

设 $h=\dfrac{1}{t+1}$ 并进行模型设计。

❶ 为了避免 $t=0$ 时 h 为无穷大，设 $h=\dfrac{1}{t+1}$。

❷ 按照图 2.18 设定 Sum 模块的符号列表。“-”表示中央偏上，“+”表示左，“|”表示中央偏下（空白）。

❸ 停止时间 $t=100$（s）。

仿真结果如图 2.19 所示，随着 t 增加，h 逐渐减小并趋近于 0，输出结果趋近于 1，证明了 $\lim\limits_{h\to 0}\dfrac{\left(\mathrm{e}^h-1\right)}{h}=1$。

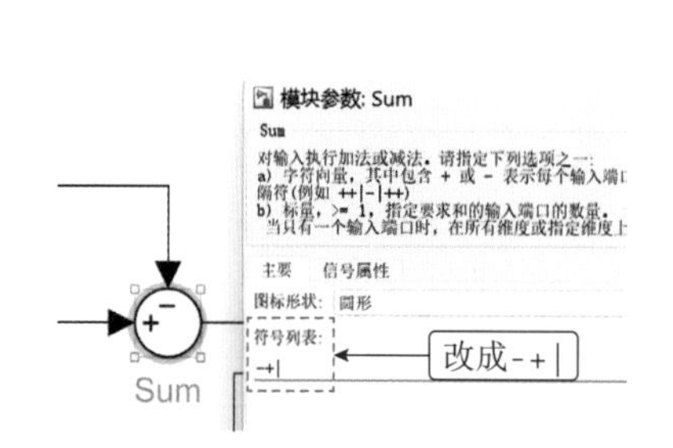

图 2.18　$\lim\limits_{h\to 0}\dfrac{\left(\mathrm{e}^h-1\right)}{h}$模型：Sum 模块参数设定

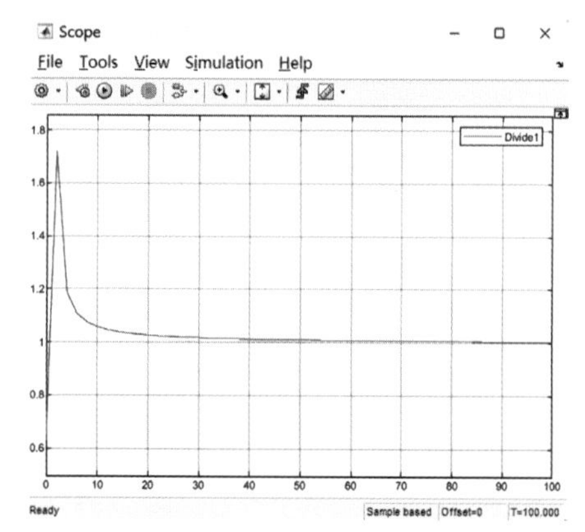

图 2.19　$\lim\limits_{h\to 0}\dfrac{\left(\mathrm{e}^h-1\right)}{h}$模型：仿真结果

结论：e^t 无论微分多少次都是 e^t

从结论上来说，e^t 无论微分多少次都等于 e^t。e^t 积分后也是 e^t。含有实数和虚数参数的 e 指数函数的微分可以表示为下式：

$$f'(t)=\left(A\mathrm{e}^{Bt}\right)'=AB\mathrm{e}^{Bt} \tag{2.11}$$

$$f'(t)=\left(\mathrm{e}^{\mathrm{i}t}\right)'=\mathrm{i}\mathrm{e}^{\mathrm{i}t} \tag{2.12}$$

可见，对指数函数微分就是乘以 i 或 j，最终表现为微分的相位超前 π/2（rad）。

指数函数的积分

积分的本质就是求函数与横坐标轴围成图形的面积，是微分的逆运算。对 e^t 微分或不定积分，结果都是 e^t。

将含有不同参数的指数函数在 0 ~ t（s）进行定积分，有

$$\int_0^t f(t)\mathrm{d}t = \int_0^t \mathrm{e}^t \mathrm{d}t = \left[\mathrm{e}^t\right]_0^t = \mathrm{e}^t - \mathrm{e}^0 = \mathrm{e}^t - 1 \tag{2.13}$$

$$\int_0^t f(t)\mathrm{d}t = \int_0^t A\mathrm{e}^{Bt}\mathrm{d}t = \frac{A}{B}\left[\mathrm{e}^{Bt}\right]_0^t = \frac{A}{B}\left(\mathrm{e}^{Bt} - \mathrm{e}^0\right) = \frac{A}{B}\left(\mathrm{e}^{Bt} - 1\right) \tag{2.14}$$

$$\int_0^t f(t)\mathrm{d}t = \int_0^t \mathrm{e}^{\mathrm{i}t}\mathrm{d}t = \frac{1}{\mathrm{i}}\left[\mathrm{e}^{\mathrm{i}t}\right]_0^t = \frac{1}{\mathrm{i}}\left(\mathrm{e}^{\mathrm{i}t} - \mathrm{e}^0\right) = \frac{1}{\mathrm{i}}\left(\mathrm{e}^{\mathrm{i}t} - 1\right) \tag{2.15}$$

可见，对指数函数 $\mathrm{e}^{\mathrm{i}t}$ 积分就是将函数除以 i，最终表现为积分的相位延迟 π/2（rad）。

三角函数的积分

cos(t) 微积分模型设计

使用欧拉公式对三角函数进行微积分模型设计。这里对 cos(t) 进行微积分，并设计模型。

$$f'(t) = \left[\cos(t)\right]' = \left(\frac{\mathrm{e}^{\mathrm{i}t} + \mathrm{e}^{-\mathrm{i}t}}{2}\right)' = \frac{i}{2}\left(\mathrm{e}^{\mathrm{i}t} - \mathrm{e}^{-\mathrm{i}t}\right) = \frac{\mathrm{e}^{\mathrm{i}t} - \mathrm{e}^{-\mathrm{i}t}}{-2i} = -\sin(t) \tag{2.16}$$

$$\begin{aligned}\int_0^t f(t)\mathrm{d}t &= \int_0^t \cos(t)\mathrm{d}t = \int_0^t \left(\frac{\mathrm{e}^{\mathrm{i}t} + \mathrm{e}^{-\mathrm{i}t}}{2}\right)\mathrm{d}t = \frac{1}{2i}\left[\left(\mathrm{e}^{\mathrm{i}t} - \mathrm{e}^{-\mathrm{i}t}\right)\right]_0^t \\ &= \frac{\mathrm{e}^{\mathrm{i}t} - \mathrm{e}^{-\mathrm{i}t}}{2i} - (1-1) = \left[\sin(t)\right]_0^t = \sin(t)\end{aligned} \tag{2.17}$$

综上所述，引入指数函数可以表示三角函数的微积分。现在对 $y(t) = A\cos(\omega t)$ 的微积分进行模型设计。

创建空白画布并保存为 cosIntDev.slx，所用模块见表 2.6，按图 2.20 进行配置。

表 2.6 $A\cos(\omega t)$ 微积分模型所用的模块

类 别	模块名	模块的含义	数 量
Commonly Used Blocks	Constant	常 量	2
Commonly Used Blocks	Scope	示波器	1
Continuous	Integrator	积分器	1
Continuous	Derivative	微分器	1
Math Operations	Trigonometric Function	三角函数	1
Sources	Clock	时 钟	1

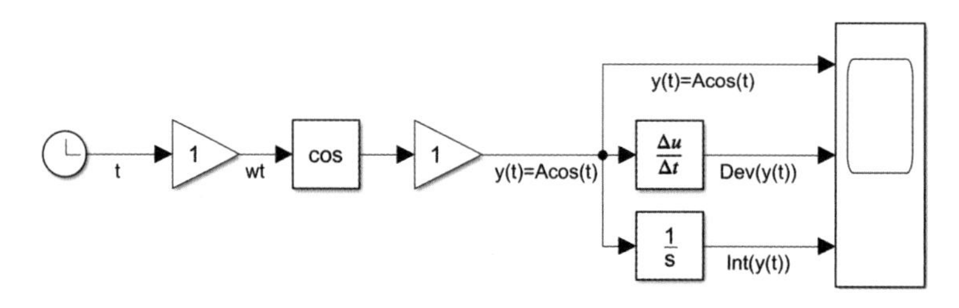

图 2.20　$A\cos(\omega t)$ 微积分模型：模块配置

将 $A=3$、$\omega=2$ 代入模型，停止时间设为 2π，仿真结果如图 2.21 所示。其中，蓝色波形为 $y(t)=A\cos(\omega t)$，红色波形为微分结果，黑色波形为积分结果。可以发现，微分后相位前进了 $\pi/2$（变为 $-\sin$），振幅变为原来的 ω 倍（2 倍）；积分后相位延迟了 $\pi/2$（变为 sin），振幅变为原来的 $1/\omega$ 倍（1/2 倍）；无论是微分还是积分，周期均无变化，这与数学公式的微积分运算结果相同。

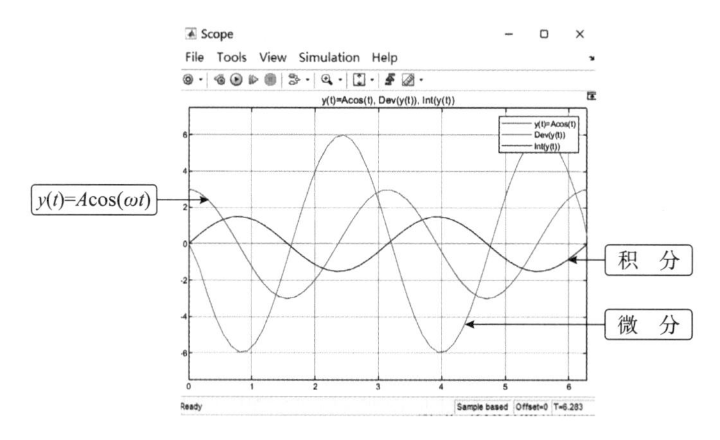

图 2.21　$A\cos(\omega t)$ 微积分模型：仿真结果

$\cos(t)$ 是 e^{it} 的实部，因此有

$$A\cos(\omega t)=\mathrm{Re}\left(Ae^{i\omega t}\right) \tag{2.18}$$

对上式进行微积分后发现，微分后振幅变成 $A\omega i$ 倍，积分后振幅变为 $A/(\omega i)$ 倍，频率仍为 ω。

令 $A=1$，$\omega=1$，$t=\theta$，对三角函数进行微积分，可以发现，对 $\cos(t)$ 微分得到 $-\sin(t)$，积分得到 $\sin(t)$，如图 2.22 所示。

■ sin(t) 积分模型设计

对 $\sin(t)$ 的积分进行模型设计，结果是否如图 2.23 所示，$\sin(t)$ 的积分就是 $-\cos(t)$ 呢？

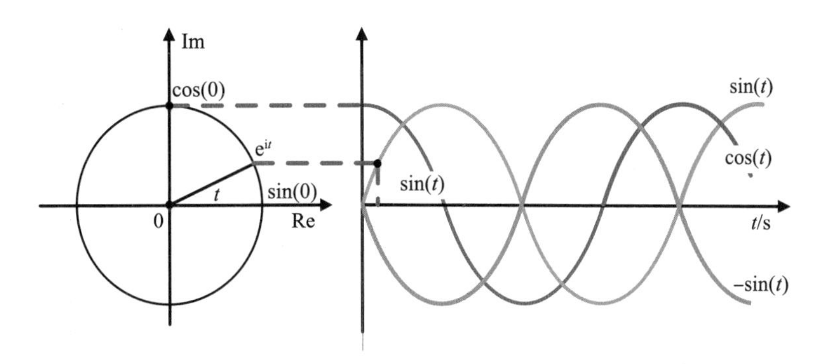

图 2.22 sin(t) 与 cos(t) 的微积分关系

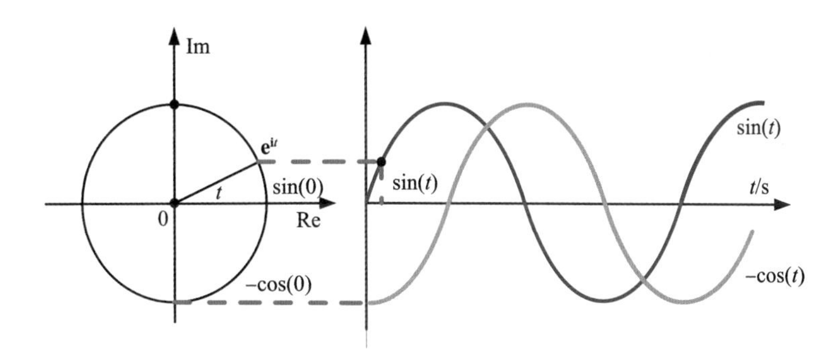

图 2.23 sin(t) 积分模型：仿真结果预测为 −cos(t)

所用模块见表 2.7，按照图 2.24 配置，停止时间 2π，仿真结果如图 2.25 所示。其中，蓝色波形是 sin(t)，红色波形是 −cos(t)，可以看出实际结果与预测结果存在偏差。

表 2.7 sin(t) 积分模型所用的模块

类　别	模块名	模块的含义	数　量
Commonly Used Blocks	Scope	示波器	1
Continuous	Integrator	积分器	1
Math Operations	Trigonometric Function	三角函数	1
Sources	Clock	时钟	1

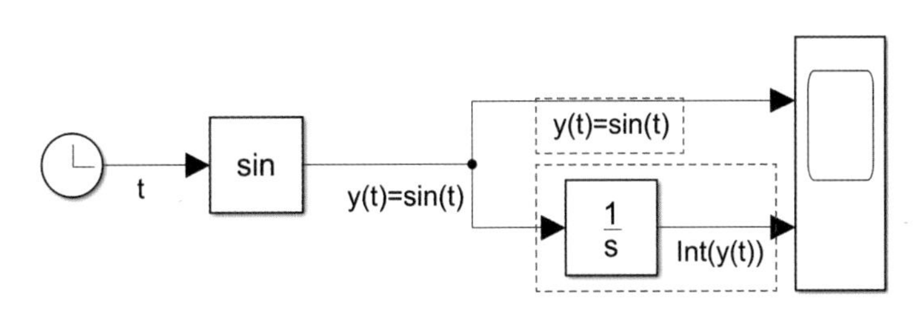

图 2.24 sin(t) 积分模型：模块配置

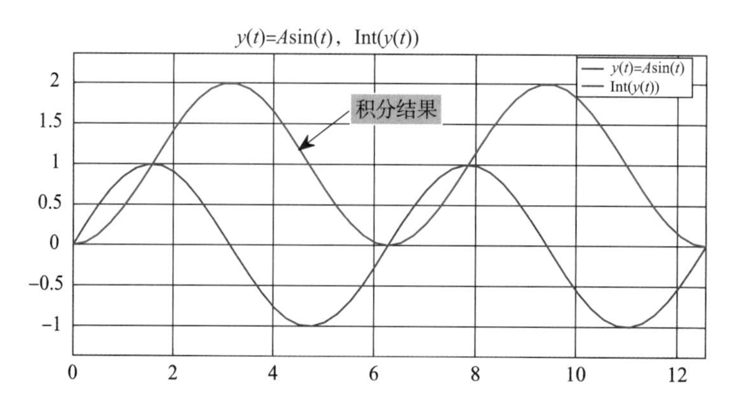

图 2.25　sin(t) 积分模型：仿真结果

图 2.26　sin(t) 积分模型：Integrator 模块初始条件设定

模型的输出结果为对函数 sin(t) 在 [0, t] 内的定积分，如式 2.19 所示，得到的结果为 $-\cos(t)+1$，因此造成了输出波形向上平移 1 个单位的现象。想要得到图 2.23 所示的蓝色波形，把 Integrator 模块参数中的初始条件改为 `-1` 即可。

$$\int_0^t \sin(t)\mathrm{d}t = \left[-\cos(t)\right]_0^t = -\cos(t)+1 \qquad (2.19)$$

如图 2.26 所示，将 Integrator 模块的初始条件改为 `-1` 后得到了图 2.27 所示的仿真结果，与图 2.23 相同。

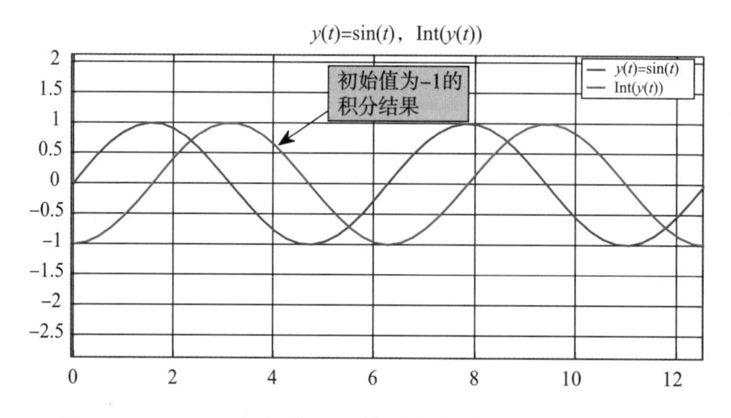

图 2.27　sin(t) 积分模型：修改初始条件后的仿真结果

三角函数的频率ω

确认 e^{-it} 的动态曲线

扩展 e^{-it} 的模型，直观感知三角函数频率的含义。

将 e^{-it} 模型 eulerBase.slx 另存为文件 eulerBaseMit.slx，再按照图 2.28 将 i 修改为 –i 并运行。

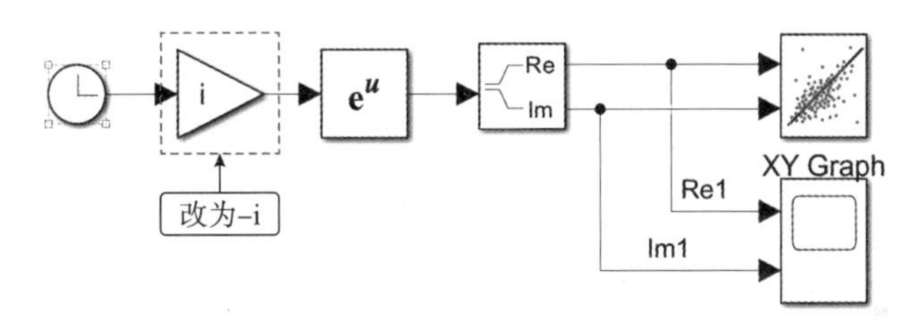

图 2.28　e^{-it} 模型设计：将 e^{it} 模型的 i 修改为 –i

在单位圆中，e^{it} 为逆时针旋转（counter clockwise，CCW）得到的波形，e^{-it} 为顺时针旋转（clockwise，CW）得到的波形。

■ 负时间思维

物理现象的方向（正、负）对模型极为重要。将 $-it$ 视为负时间 $i(-t)$，由于三角函数是连续的，那么图 2.29 所示的仿真结果就相当于把图 2.30 中的虚线框作为窗口来观察。当观察连续现象的窗口沿时间轴反方向移动（即向左移动）时，就可以视为负时间（过去的时间）。

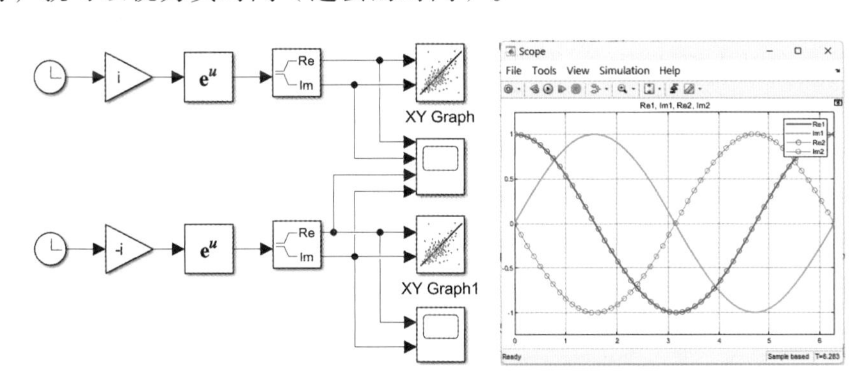

图 2.29　e^{-it} 模型设计：仿真结果

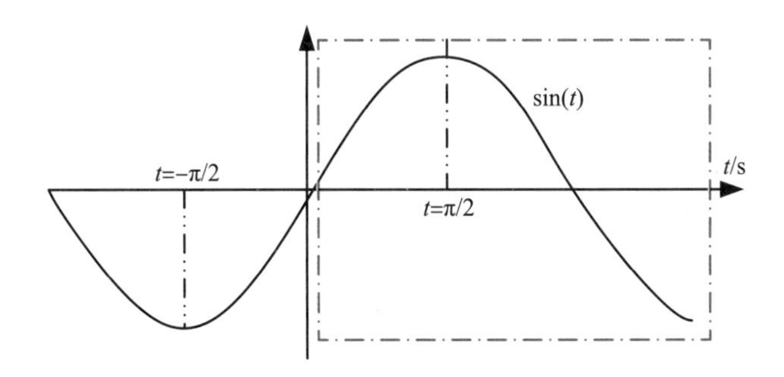

图 2.30　e^{-it} 模型：负时间思维

综上所述，将 e^{it} 变为 e^{-it} 并不是反向旋转，只是负时间的状态看上去就像反向旋转。

■ 频率 ω 的思维方式

试着思考频率 ω 的作用。频率 ω 并不是变为 $j(\omega t)$，而是像 $(j\omega)t$ 那样，ω 先与 j 相乘。乘以 j 相当于旋转 $\pi/2$，所以乘以 $j\omega$ 就相当于旋转 $\pi\omega/2$。

由于 `j*j=-1`，所以 ω 乘以 `j*j` 相当于旋转 π，即 180° 。也就是说，ω 与 $-\omega$ 相差 180° ，方向相反。

将 e^{it} 模型保存为文件 eulerBaseTwo.slx，如图 2.31 所示，将 i 修改为 2i。

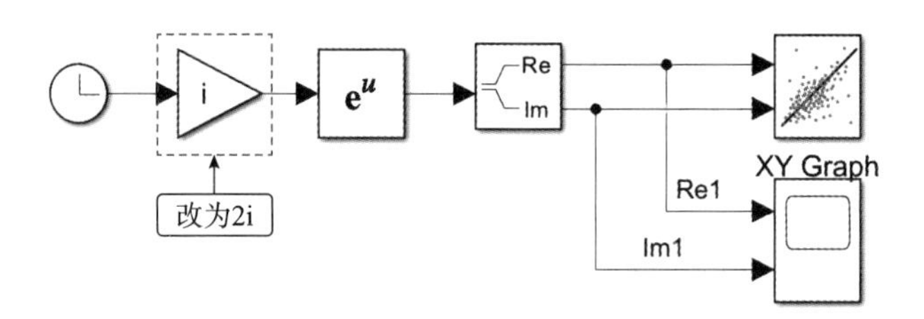

图 2.31 e^{2t} 模型：将 e^{it} 模型的 i 修改为 2i

仿真结果如图 2.32 所示，将 ω 增大 2 倍后，单位圆在时间 $t=2\pi$（s）内转了 2 圈，即以 2 倍速旋转，同时波形的频率变为原来的 2 倍。也就是说，增加频率（角速度）ω，就会增加重复运行次数。以观看行车记录仪视频为例，我们可以直观地认为，以 2 倍速观看事故发生时间 $t=0$ ～ 2π（s）之间的录像。

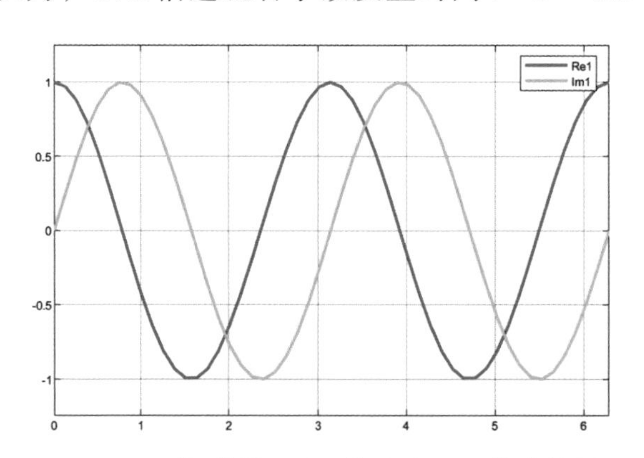

图 2.32 将 e^{it} 模型的 i 修改为 2i：仿真结果

三角函数的振幅*A*

振幅 *A* 的模型设计

将 e^{it} 模型另存为文件 eulerBaseAm.slx，按图 2.33 追加 Gain 模块并将增益改为 `1.5`，即将旋转半径改为 `1.5`，改变振幅值。调整 XY Graph 数据范围为 `[-2, 2]`，以便显示完整波形。仿真结果如图 2.34 所示，可以发现振幅变为 1.5。

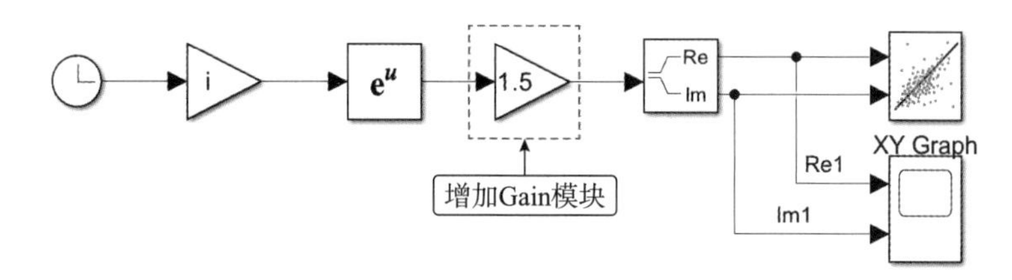

图 2.33 振幅 *A* 的模型：向 e^{it} 模型中追加 Gain 模块，设定放大倍率为 1.5

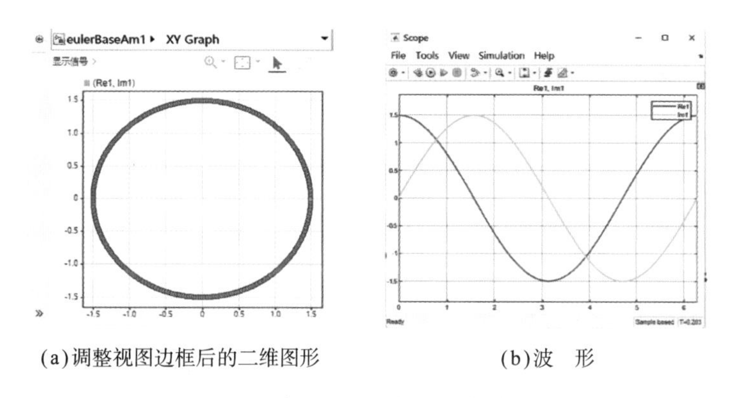

(a)调整视图边框后的二维图形 (b)波 形

图 2.34 振幅 *A* 的模型：仿真结果

螺旋模型设计

使振幅 *A* 随时间 *t* 改变，即可显示螺旋图形，如图 2.35 所示，追加 Divide 模块和 Gain 模块，仿真结果如图 2.36 所示。

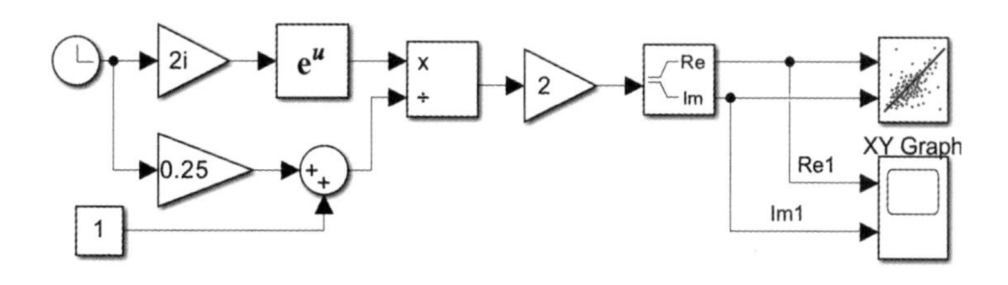

图 2.35 螺旋模型：模块配置

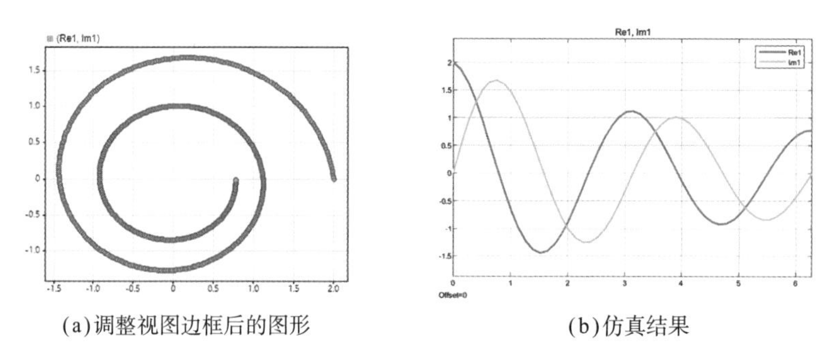

(a) 调整视图边框后的图形　　(b) 仿真结果

图 2.36　螺旋模型设计：仿真结果

螺旋模型可表示为下式：

$$\frac{2}{1+0.25t}\mathrm{e}^{\mathrm{i}2t} \tag{2.20}$$

$$A\mathrm{e}^{\mathrm{i}\omega t} \tag{2.21}$$

可以看出，式中振幅为 $\frac{2}{1+0.25t}$，随着时间的推移，振幅逐渐减小，形成了螺旋模型。仅从式（2.20）看不出怎样运动，但思考之前的频率成分在哪里、振幅在哪里，再对照式（2.21）就容易理解了。

在欧拉公式中增加振幅 A 和频率 ω，有

$$A\cos(\omega t)=A\frac{\mathrm{e}^{\mathrm{i}\omega t}+\mathrm{e}^{-\mathrm{i}\omega t}}{2} \tag{2.22}$$

$$A\sin(\omega t)=A\frac{\mathrm{e}^{\mathrm{i}\omega t}-\mathrm{e}^{-\mathrm{i}\omega t}}{2\mathrm{i}} \tag{2.23}$$

在下一章中，我们将使用三角函数的输入模型检查电路模型的正确性。除电路模型之外，三角函数在振动模型和机械模型中也广为使用，可见，了解三角函数的本质是十分必要的。除了微积分和三角函数，有时还会用到矩阵和向量运算。

此外，控制模型必然离不开微积分控制，而且各种平行移动和旋转运动也会用到微积分。

第3章
放大器与滤波器模型设计

之前我们学习了如何使用 Matlab/Simulink 对常见公式进行模型设计，这一章我们将使用 Simscope 学习 OP 放大器、电感、电容的特性，着眼于使用电气模块进行模型设计。

使用 Matlab/Simulink，通过组合基础模块构建各种各样的工程模型，需要将实物抽象模型化，一般是从微分方程或公式开始进行数学建模。

Simscope 是一种具有机械模块和电气模块等功能模块的模型设计工具。有人主张“有了 SPICE 就不需要 Simscope 了”，但是 SPICE 没有自动代码生成功能，也很难与 Matlab/Simulink 联动。

本章使用 Simscope 进行电气模块的模型设计，并且用 Matlab/Simulink 连接三角函数的输入模型来验证。

3.1 OP放大器的模型设计

什么是OP放大器

OP 放大器（Operational Amplifier）是用于放大微小电信号的基础电路单元，其电路图符号、实物图和管脚图如图 3.1 所示。

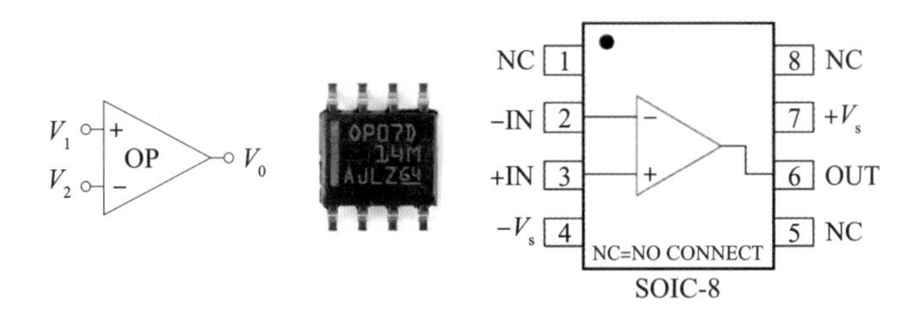

图 3.1　OP 放大器的电路图符号、实物图、管脚图

OP 放大器即运算放大器，简称运放。由于早期应用于模拟计算机中作数学运算，故得名“运算放大器”。OP 放大器一般具有很高的放大系数，在实际电路中结合反馈网络组成某种功能模块，其输出信号可以是输入信号的加减

运算或微积分等数学运算的结果。它可以由分立器件（二极管、三极管、场效应管、晶闸管、IGBT 等）组成，也可以在半导体芯片中实现。如今，大多数运放是以单芯片形式存在的。

■ 与 Simulink 的 Gain 模块的区别

OP 放大器的符号与 Matlab/Simulink 的 Gain 模块十分相似。Gain 模块也能够放大信号，区别在于 Gain 模块放大的是一个信号，而 OP 放大器放大的是同相输入（V_1）和反相输入（V_2）的差（差动输入）。它们的最大区别在于 OP 放大器利用了将输出返回的反馈结构，反馈是自动控制系统中常见的重要概念（将输出送至输入形成偏差的过程叫作反馈）。本章将通过使用简单的 OP 放大器来体会反馈。

■ 输入和输出的关系

设放大系数为 A，输出为 V_0，则下式成立：

$$V_0 = A\times\left(V_1 - V_2\right) \tag{3.1}$$

OP 放大器的放大系数 A 通常为 1000 ~ 10^6，用分贝符号表示为 60 ~ 120dB（换算方法请参考 3.3 节）。

OP放大器和放大系数

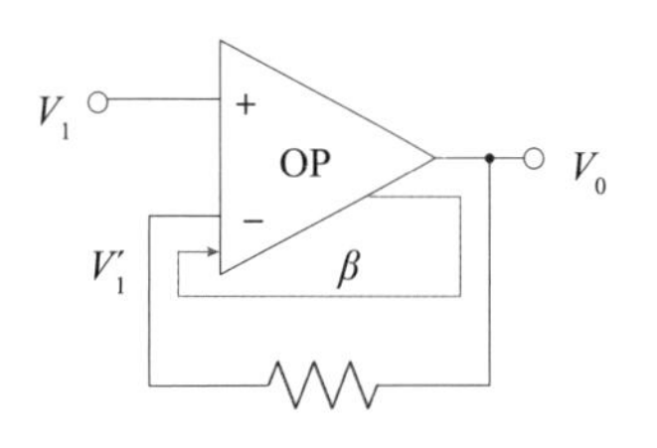

图 3.2 采用负反馈的 OP 放大器

OP 放大器通常采用负反馈（将输出返回至反相输入端），如图 3.2 所示。

设反馈系数为 β，则 OP 放大器的输出可以表示为

$$\begin{aligned}
&V_0 = A\times\left(V_1 - V_1'\right)\\
&V_1' = \beta V_0\\
&V_0 = A\times\left(V_1 - \beta V_0\right)\\
&AV_1 = V_0 + A\beta V_0\\
&AV_1 = V_0\left(1 + A\beta\right)\\
&\frac{V_0}{V_1} = \frac{A}{1 + A\beta}
\end{aligned} \tag{3.2}$$

■ 反馈系数 β=1

反馈系数 $\beta = 1$，意味着反馈电路直接将输出返回至输入。

图 3.3 所示为反馈系数 $\beta=1$ 的电压跟随器电路，电压跟随器的放大系数为 1。

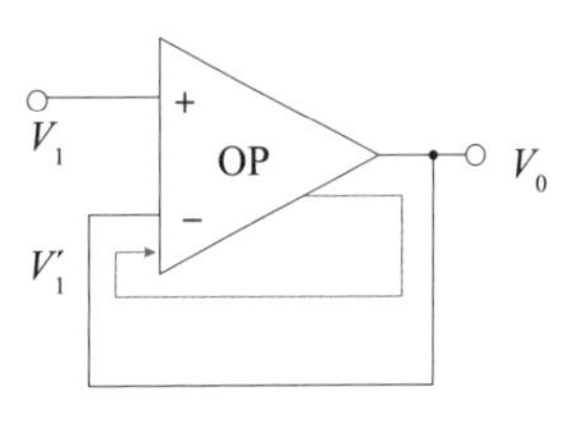

图 3.3 反馈系数 $\beta=1$ 的电压跟随器

$$\begin{aligned}&\frac{V_0}{V_1}=\frac{A}{1+\beta A}=\frac{A}{1+A},\ 1\ll A\\&\frac{V_0}{V_1}=\frac{A}{1+A}\approx\frac{A}{A}=1\end{aligned}\tag{3.3}$$

反馈系数 β=0.5

反馈系数 $\beta=0.5$ 时，

$$\begin{aligned}\frac{V_0}{V_1}&=\frac{A}{1+\beta A},\ 1\ll A\\&=\frac{A}{1+0.5A}\approx\frac{A}{0.5A}=2=\frac{1}{\beta}\end{aligned}\tag{3.4}$$

由于 OP 放大器的放大系数 A 远大于 1，$1+\beta A$ 近似等于 A，故电路输出输入的比值为 $1/\beta$。

通过电阻的比率设定反馈系数 β

如图 3.4 所示，电阻 R_1 和 R_2 串联，反馈系数 β 可通过下式计算：

$$\begin{aligned}&V_0=\left(R_1+R_2\right)\times i\\&V_1'=R_1\times i\\&V_1':V_0=R_1:\left(R_1+R_2\right)\\&\beta=\frac{V_1'}{V_0}=\frac{R_1}{R_1+R_2}\end{aligned}\tag{3.5}$$

具体到反馈系数 $\beta=0.5$ 的电路，由式（3.5）可推导出 $\beta=0.5=R/(2R)$，如图 3.5 所示。对应图 3.4，即 $R_1=R_2=R$。

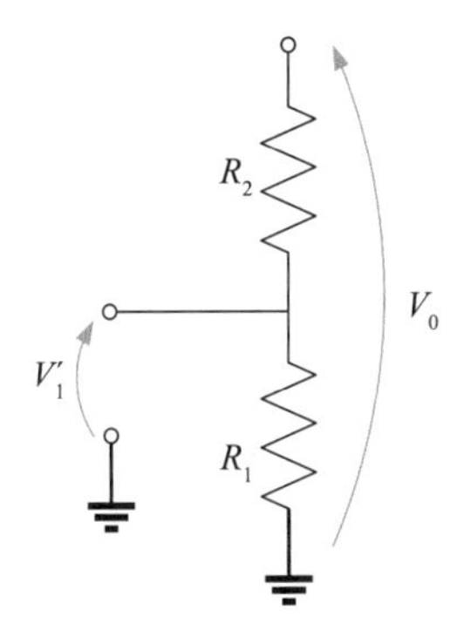

图 3.4 反馈系数 β 由电阻的比率决定

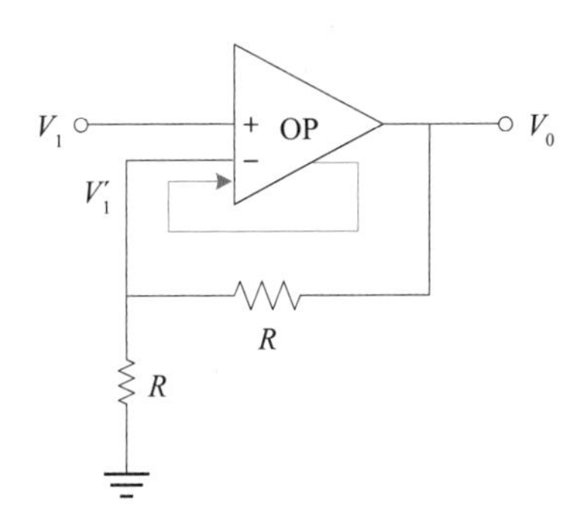

图 3.5 反馈系数 $\beta=0.5$ 的 OP 放大器

用Simscape设计OP放大器模型

本书涉及的模块分散在 Simulink 库浏览器中 Simscape 下的四个位置，如图 3.6 所示。

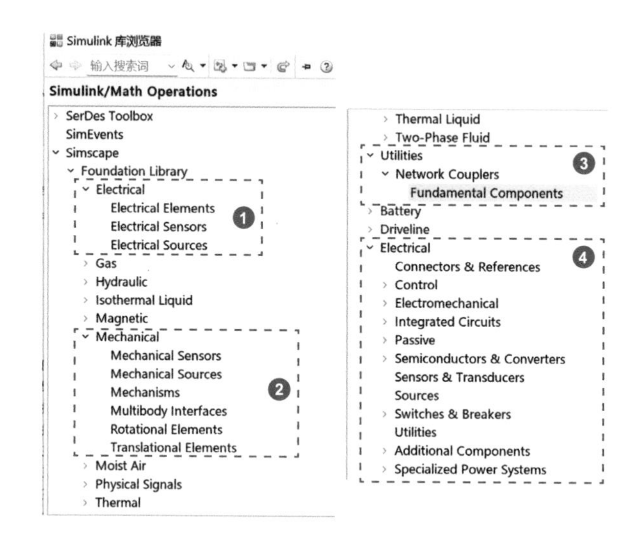

图 3.6 本书涉及的 Simscope 模块

❶ 基本电气模块（蓝色）：Foudation Library → Electrical。

❷ 基本机械模块（绿色）：Foudation Library → Mechanical。

❸ 通用模块（黑色）：Utilities。

❹ 电气模块（蓝色）：Electrical。

※ 含电力电子模块（蓝色）：Electrical → Special Power Systems。

要注意的是，蓝色和黑色部件在 ❹ 中是混在一起的，❹Electrical 模块是具有电气特性的。

如图 3.7 所示，黑色模块（椭圆形包围的模块）都是经过验证的实用模块，但今后大概率会被蓝色模块（矩形包围的模块）取代，本章仅使用 Electrical 下的蓝色模块。

β=1 的 OP 放大器模型

创建空白画布，保存为 Op001.slx。

所用模块见表 3.1，按照图 3.8 进行配置。

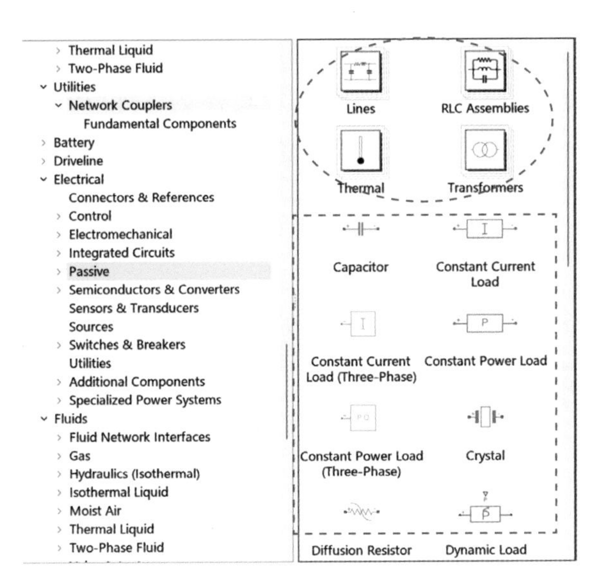

图 3.7 Electrical → Passive 模块

表 3.1 OP 放大器模型所用的模块

类　别	模块名称	模块的含义	数　量
Commonly Used Blocks	Scope	示波器	1
Electrical Elements	Op-Amp	OP 放大器	1
Electrical Elements	Electrical Reference	电气接地	1
Electrical Elements	Resistor	电　阻	2
Utilities	Solver Configuration	求解器配置	1
Utilities	PS-Simulink Converter	PS 转换器	2
Electrical Sensors	AC Voltage Source	交流电源	1
Electrical Sensors	Voltage Sensor	电压表	2

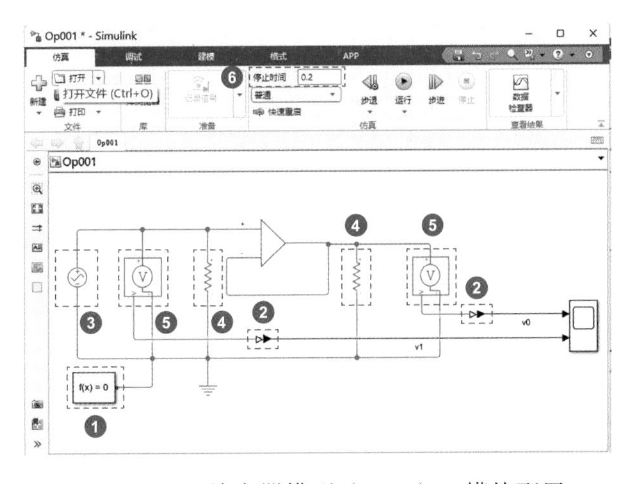

图 3.8 OP 放大器模型（$\beta=1$）：模块配置

❶Solver Configuration 模块：Simscape 的计算引擎，连接至电路某处。

❷PS-Simulink Converter 模块：用于连接 Simscape 和 Simulink 模块。PS-Simulink Converter 模块可将物理信号转换为 Simulink 输出信号，用它可将 Simscape 物理模块的输出连接到 Simulink 示波器或其他模块。

❸AC Voltage Source 模块：设定振幅为 12V，频率为 10Hz（1Hz = 2π rad/s），参见图 3.9（a）。

❹Resistor 模块：设定两个电阻均为 100Ω，参见图 3.9（b）。

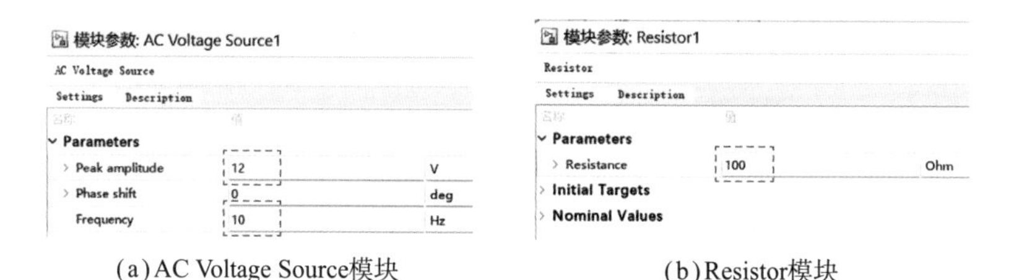

(a) AC Voltage Source模块　　(b) Resistor模块

图 3.9　OP 放大器模型（$\beta = 1$）：模块参数设定

❺Voltage Sensor 模块：与输入输出电阻并联，并通过 ❷ 连接 Scope 示波器，以便显示输出电压值。

❻ 停止时间：设定为 0.2（s）。

仿真结果如图 3.10 所示。可以看出，输入电压和输出电压的振幅均为 ± 12V；由于设定频率为 10Hz 且停止时间为 0.2s，因此输出波形运行了 2 个周期。$\beta = 1$ 时放大系数为 1，没有相位延迟。

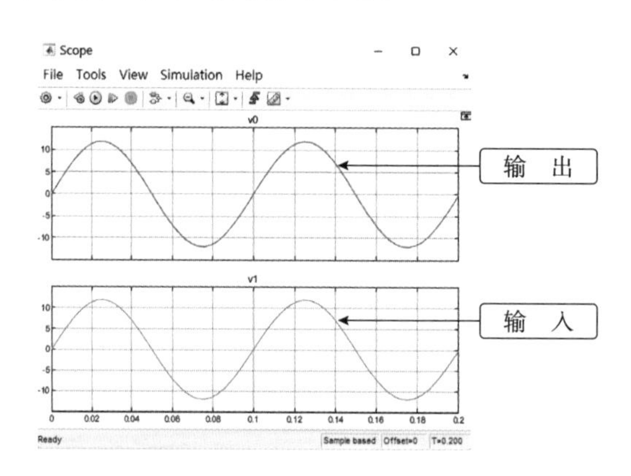

图 3.10　OP 放大器模型（$\beta = 1$）：仿真结果

β=0.5 的 OP 放大器模型

修改 Op001.slx，对 $\beta = 0.5$ 的 OP 放大器进行建模。

先将 Op001.slx 另存为 Op002.slx，然后按图 3.11 添加 2 个 Resistor 模块

（R_1, R_2），电阻值均为 100Ω。仿真结果如图 3.12 所示，可以看出，$\beta=0.5$ 时电路放大系数为 2。

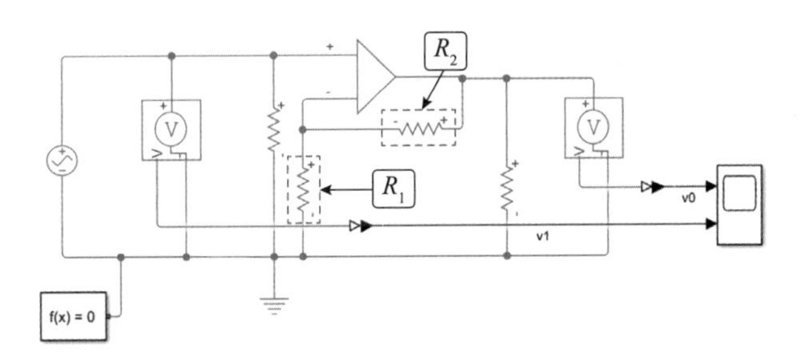

图 3.11　OP 放大器模型（$\beta=0.5$）：在 $\beta=1$ 的模型基础上添加 2 个 100Ω 电阻

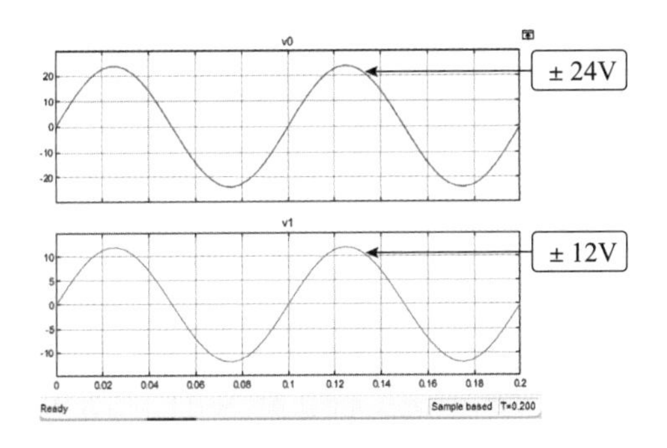

图 3.12　OP 放大器模型（$\beta=0.5$）：仿真结果

β=1/3 的 OP 放大器模型

电阻如何取值才能让 $\beta=1/3$？答案是 $R_1=100\Omega$，$R_2=200\Omega$。

$$\beta=R_1/(R_1+2R_1)=1/3$$

根据图 3.11 修改电阻值，仿真结果如图 3.13 所示，可以确认电路放大系数为 3。

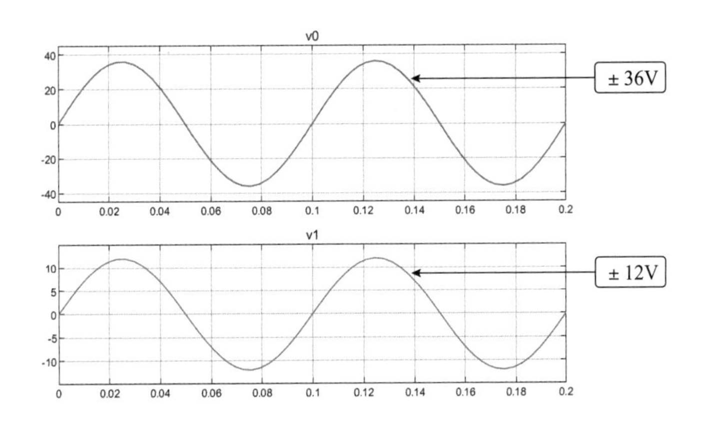

图 3.13　OP 放大器模型（$\beta=1/3$）：仿真结果

这类模型在 $\beta = 1/x$ 时，放大系数为 x，没有相位差，因此被称为同相放大电路。

3.2　反相放大电路模型

反相放大电路的工作原理

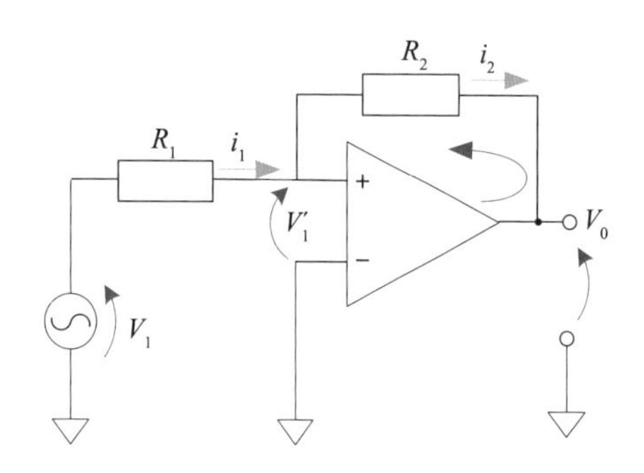

图 3.14　反相放大电路

反相放大电路工作原理如图 3.14 所示。OP 放大器的输入端极性与上一节相反，且同相输入端（+）接地。图 3.14 中的原理图符号含义如下。

· V_1：输入电压。

· V_0：输出电压。

· V_1'：输入差分电压。

OP 放大器的内阻极大，反相输入端电流为 0（虚断），i_1 不流入 OP 放大器，$i_1 = i_2$。

$$i_1 = i_2 \tag{3.6}$$

i_1 源自电压差 $V_1 - V_1'$，i_2 源自电压差 $V_1' - V_0$。

$$i_1 = \frac{V_1 - V_1'}{R_1} \tag{3.7}$$

$$i_2 = \frac{V_1' - V_0}{R_2} \tag{3.8}$$

此外，工作时 OP 放大器同相输入端（+）与反相输入端（−）的电位差为 0（虚短）。同相输入端接地时，下式成立：

$$V_1' = 0 \tag{3.9}$$

由此，放大倍数为 $-R_2/R_1$，是负数。

$$i_1 = i_2 = \frac{V_1}{R_1} = \frac{-V_0}{R_2} \tag{3.10}$$

$$\frac{V_0}{V_1} = -\frac{R_2}{R_1} \tag{3.11}$$

模型设计

将 Op001.slx 或 Op002.slx 另存为 Op003.slx，并按照图 3.15 修改模型。

由于此时要使用反相输入端，右击 Op-Amp 后选择“翻转模块（L）→上－下（U）”，如图 3.16 所示。

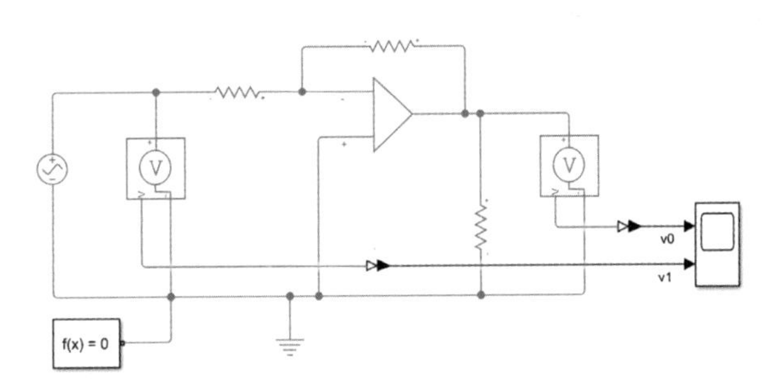

图 3.15　反相放大电路模型设计：模块配置

图 3.16　翻转 OP 放大器的输入端极性

在图 3.14 的基础上，将 R_1 设定为 100Ω，R_2 设定为 200Ω，停止时间设定为 0.2s，仿真结果如图 3.17 所示。

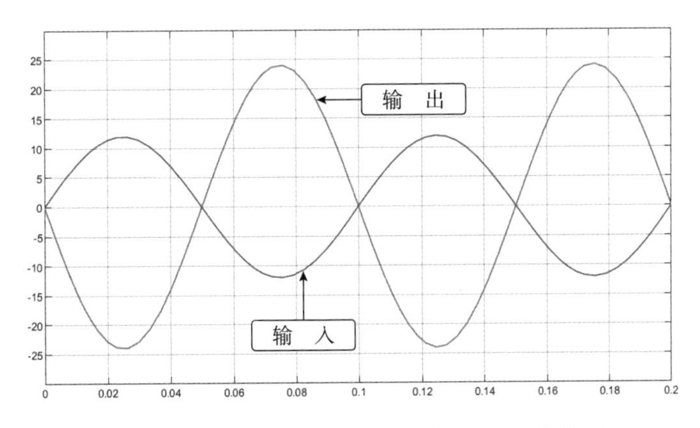

图 3.17　反相放大电路模型设计：仿真结果

根据 $\frac{V_0}{V_1}=-\frac{R_2}{R_1}$，放大倍数为 –2，输出电压振幅（∓24V）相较于输入电压振幅（±12V）翻倍，且相位相反，由此可以确认反相放大电路的功能。

3.3　增益和相位差

前一节分析了同相放大电路和反相放大电路的放大系数和相位（反相）特性，本节将进一步分析 OP 放大器放大系数和相位差对应的幅频和相频特性。

这里以去除语音信号中某些特定频率信号的滤波器为例，进行模型设计，同时讲解增益（放大系数）方面的重要概念——分贝。

频率特性和伯德图

如图 3.18 所示，向系统输入信号 $u(t)$ 时，会得到输出信号 $y(t)$。

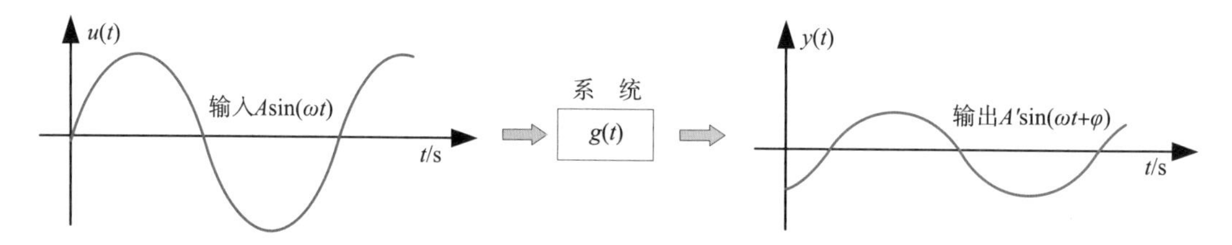

图 3.18　系统输入和输出的关系

比较输入信号和输出信号，可以分析系统特性，如图 3.19 所示。

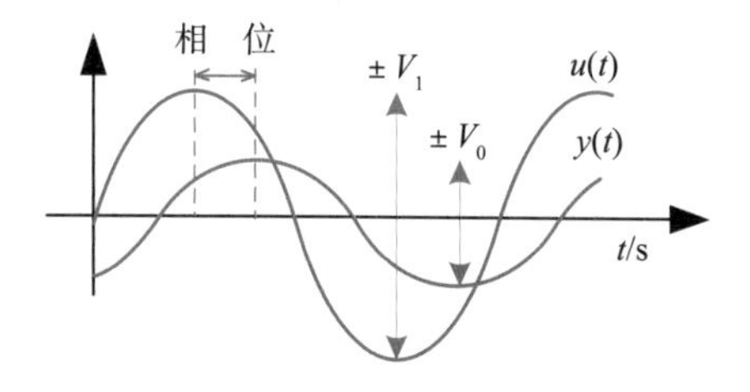

图 3.19　输入信号和输出信号的比较

- 增益：输出信号相对于输入信号的增减程度（同放大系数、传递函数的含义相同）。
- 相位差：输出信号与输入信号在时间上的偏差。

伯德图

前面对使用 OP 放大器的同相放大电路和反相放大电路进行了模型设计，输入信号（电压）的频率为 10Hz。

当系统输入为频率变化的信号时，对增益和相位变化特性的分析被称为频率特性分析。描述这些特性的分析曲线图被称为伯德图（Bode plot），如图 3.20 所示。

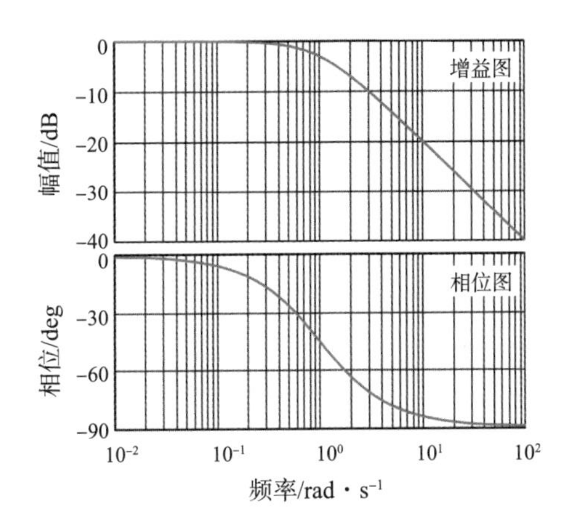

图 3.20 呈现系统频率特性的伯德图

增益和分贝

在伯德图中，增益通常以分贝（decibel，dB）为单位。分贝是一种对数尺度，用于量化电压、音压等物理量相对于基准值的大小。使用分贝可以将幅值的乘法运算转换为加法运算，简化系统的频域分析和理解。

常用对数复习

常用对数是以 10 为底的对数。

设 x 为正数，并假设 $x = 10^a$ 成立。此时，x 称为真数，实数 a 为以 10 为底的 x 的常用对数，用 $\log_{10}x$ 表示。

$$x = 10^a \tag{3.12}$$

$$a = \log_{10} x \tag{3.13}$$

例如，借助常用对数可以在 Matlab 中确认 999 是几位十进制数：

```
>> x = 999;
>> log10(x)

ans =
    2.9996

>> 10^ans

ans =
    999.0000
```

可见，999 是 3 位十进制数。

微控制器32位整数运算

微控制器的整数运算通常为32位，可处理的整数值有限。为此，一般用指数来确认数值是多少位。

上面求过实数 x 是几位十进制数，下面来求实数 x 是几位二进制数。

$$x = 10^a = 2^b \tag{3.14}$$

$$a = \log_{10} x \tag{3.15}$$

$$b = \log_2 x = \frac{\log_{10} x}{\log_{10} 2} \tag{3.16}$$

式（3.16）所用的换底公式：

$$\log_p M = \frac{\log_q M}{\log_q p} \tag{3.17}$$

整理对数的性质，并证明换底公式，如图3.21所示。随后，便可用Matlab计算十进制整数变为二进制数后有几位。

<table>
<tr>
<td>
·对数的定义：
$p^q = M \Leftrightarrow q = \log_p M$
·对数的性质：
$\log_p MN = \log_p M + \log_p N$
如果 $\log_p M = x$，$\log_p N = y$，则根据对数的定义，有 $p^x = M$，$p^y = N$，由式（3.14）可得
$MN = p^x \times p^y = p^{x+y}$
这意味着 $p^{x+y} = MN$。
以 p 为底取两边的对数：
$\log_p p^{(x+y)} = \log_p NM$
$(x+y)\log_p p = \log_p N + \log_p M$
由于 $\log_p p = 1$，故
$x+y = \log_p N + \log_p M$
</td>
<td>
·换底公式的证明
根据对数的性质，对于 MM，下式成立：
$\log_p M^2 = 2\log_p M$
$\log_p M^n = n\log_p M$
根据对数的定义，$p^{\log_p M} = M$。
以 q 为底，两边取对数：
$\log_q p^{\log_p M} = \log_q M$
上式的左边：
$\log_q p^{\log_p M} = \log_p M \times \log_q p$
则
$\log_p M \times \log_q p = \log_q M$
两边除以 $\log_q p$，得
$\log_p M = \log_q M / \log_q p$
换句话说，它可以表示为以任意常数 q 为底的分数。
</td>
</tr>
</table>

图3.21 换底公式的证明

$$\log_p MN = \log_p M + \log_p N \tag{3.18}$$

$$\log_p M^n = n\log_p M \tag{3.19}$$

```
>>x=365;
>>log10(x)/log10(2)

ans=
    8.5118  ←── 9位

>>dec2bin(x)

ans=
```

```
    101101101

>>x=4097;
>>log10(x)/log10(2)

ans=
    12.0004  ———— 13位

>>dec2bin(x)

ans=
    1000000000001
```

dex2bin(x) 是 x 的十进制→二进制转换。由指数运算可知，365 转换为二进制数有 9 位，4097 转换为二进制数有 13 位。

功率、电压、电流的分贝数

功率增益

设基准功率为 P_i，目标功率为 P_o，则功率增益（dB）可表示为

$$G = 10\log_{10}\frac{P_o}{P_i} \tag{3.20}$$

上式中，由于单位是分贝（dB），“分”（deci，简写为 d）表示 1/10，故右式表示为 10 倍。分贝中的“贝”（bel，简写为 B）是为了纪念发明家亚历山大·格拉汉姆·贝尔，1B = 10dB。

电压增益

根据欧姆定律，电流 i 和电压 V 的关系式如下：

$$V = iR$$

$$i = V / R$$

功率 P 可用下式表示：

$$P = i \times V \tag{3.21}$$

$$P = \frac{V^2}{R} \tag{3.22}$$

$$P = i^2 R \tag{3.23}$$

将式（3.22）和式（3.23）分别代入式（3.20），便可得到电压增益和电流增益：

$$G = 10\log_{10}\frac{P_o}{P_i} = 10\log_{10}\frac{\frac{V_o^2}{R}}{\frac{V_i^2}{R}} = 10\log_{10}\left(\frac{V_o}{V_i}\right)^2 = 20\log_{10}\frac{V_o}{V_i} \tag{3.24}$$

$$G = 10\log_{10}\frac{i_o^2 R}{i_o^2 R} = 10\log_{10}\left(\frac{i_o}{i_i}\right)^2 = 20\log_{10}\frac{i_o}{i_i} \tag{3.25}$$

根据式（3.24），可以求解 3.2 节反相放大电路的电压增益：

$$G = 20\log_{10}\frac{V_0}{V_1} = 20\log_{10}\frac{24}{12} = 20\log_{10}2 = 6.02(\text{dB}) \tag{3.26}$$

所以，放大 2 倍相当于增益为 6.02 dB。

代表性放大系数与增益的对应关系见表 3.2。

表 3.2 电压代表性放大系数与增益的对应关系

V_1/V_2	G/dB
0.5	−6.02
1	0
2	6.02
10	20
100	40

3.4 频率和滤波器

本节首先介绍滤波器元件电感和电容的频率响应，然后介绍它们的频率特性。最后介绍不同类型的滤波器，并使用 Simscape 设计一个具体的滤波器电路模型。

滤波器基本元件：电感和电容

如图 3.22 所示，连接交流电压时，电感和电容的阻抗 Z（Ω）随着交流电压的频率变化而变化。

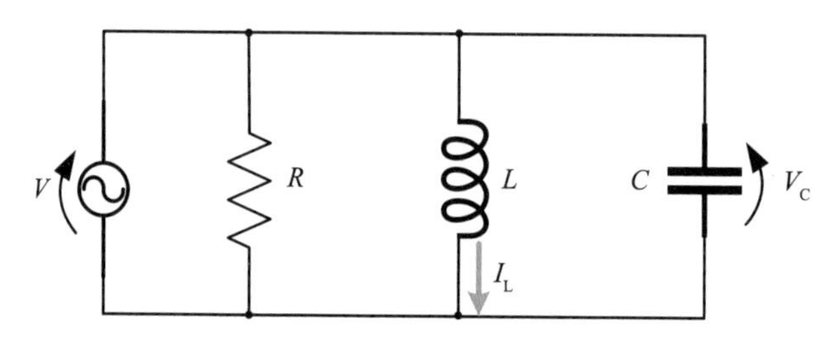

图 3.22 连接电感和电容的交流电路

· 电感 L 的阻抗 Z_L 随着频率的升高而增大：

$$Z_L = \mathrm{j}\omega L = \mathrm{j}2\pi fL$$

· 电容 C 的阻抗 Z_C 随频率的升高而减小：

$$Z_C = \frac{1}{\mathrm{j}\omega C} = \frac{1}{\mathrm{j}2\pi fC}$$

直观上理解，通直流电时，电感相当于导线，电阻接近 0；电容没有电流通过，电阻接近 ∞。为什么通交流电时，电感和电容的阻抗会发生上述变化？

电感的阻抗

如图 3.23 所示，正如突然拧开水龙头时软管会脱落，突然通电时电流 $i(t)$ 突然流过电感，电感中就会产生反电动势 $v(t)$。

图 3.23 突然拧开水龙头时软管会脱落

这可以结合式（3.5）、式（3.11）和式（3.14）来解释。

$$i(t) = I\mathrm{e}^{\mathrm{j}\omega t} \tag{3.27}$$

$$v(t) = L\frac{\mathrm{d}i(t)}{\mathrm{d}t} = LI\mathrm{j}\omega\mathrm{e}^{\mathrm{j}\omega t} = L\mathrm{j}\omega I\mathrm{e}^{\mathrm{j}\omega t} = L\mathrm{j}\omega i(t) = Z_L i(t) \tag{3.28}$$

$$Z_L = L\mathrm{j}\omega \tag{3.29}$$

电容的阻抗

电容的电荷 $q(t) = Cv(t)$，和电压 $v(t)$ 成正比。电荷随时间的变化量就是电流 $i(t)$。正如图 3.24 所示，积雪融化（电荷积累）速度越快，水（电流）越大。

图 3.24　电容的电荷形成电流

电容的阻抗与频率成反比，证明如下：

$$
\begin{aligned}
& i(t) = I\mathrm{e}^{\mathrm{j}\omega t} \\
& \frac{\mathrm{d}q(t)}{\mathrm{d}t} = C\frac{\mathrm{d}V(t)}{\mathrm{d}t} = i(t)
\end{aligned} \tag{3.30}
$$

$$
\begin{aligned}
V(t) &= \frac{1}{C}\int_0^t i(t)\mathrm{d}t = \frac{1}{C}\int_0^t I\mathrm{e}^{\mathrm{j}\omega t}\mathrm{d}t = \frac{1}{\mathrm{j}\omega C}\int_0^t \mathrm{d}\left(\mathrm{e}^{\mathrm{j}\omega t}\right) \\
&= \frac{1}{\mathrm{j}\omega C}\left[\mathrm{e}^{\mathrm{j}\omega t}\right]_0^t = \frac{1}{\mathrm{j}\omega C}\left(\mathrm{e}^{\mathrm{j}\omega t} - 1\right) \\
&= \frac{1}{\mathrm{j}\omega C}\left[i(t) - I\right]
\end{aligned} \tag{3.31}
$$

$$
Z_C = \frac{1}{\mathrm{j}\omega C} \tag{3.32}
$$

滤波器的种类

（1）无源滤波器，又称 LC 滤波器，由电阻、电感、电容的无源元件组成。这类滤波器不具备增益能力，即无法对输入信号进行放大。无源滤波器能够有效滤除特定谐波成分，伯德图如图 3.25（a）所示。将电感与电容串联形成低阻抗旁路，能够对主要次谐波（如 3 次、5 次和 7 次谐波）进行滤波。常见的无源滤波器有单调谐滤波器、双调谐滤波器和高通滤波器等。要注意的是，无源滤波器的频率响应曲线通常是不平坦的，实际应用中往往需要通过级联不同阶数的滤波电路来改善效果。

（2）有源滤波器，在无源滤波器的基础上增加了 OP 放大器等有源元件，其输出信号的增益可以远远大于 1，伯德图如图 3.25（b）所示。有源滤波器的频率响应曲线较平坦，可以通过调整放大系数来实现不同的滤波特性。结合OP放大器高输入阻抗和低输出阻抗的特点，可以有效避免负载引起的信号衰减，获得更高的通信质量。

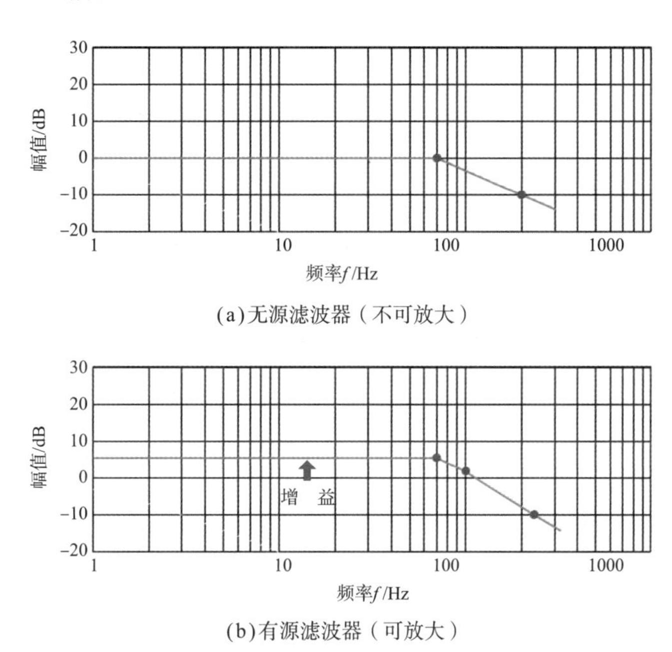

(a)无源滤波器（不可放大）

(b)有源滤波器（可放大）

图 3.25 无源滤波器和有源滤波器的伯德图

输入模型的设计

设计条件

之前的三角函数的模型设计都是将时间 t 作为输入，这里要分析频率特性，故以频率为输入（横轴），设计频率可变的输入模型，观察电感和电容的阻抗。

示例条件如下。

· 电感 L：30mH。

· 电容 C：500μF。

· 频率 f：1 ~ 1000Hz。

本章涉及的"频率"有三种形式，以 $\omega = 2\pi f$（rad/s）为主。

· 频率 f：$1\,\text{Hz} = 1\,\text{s}^{-1} = 2\pi\,\text{rad/s}$

· 角速度 ω：$1\,\text{rad/s} = 1/2\pi\,\text{Hz}$

· 转速 N：$1\,\text{rpm} = 1\,\text{r/min} = 1\,\text{min}^{-1} = 1/60\,\text{s}^{-1} = 1/60\,\text{Hz}$

建立模型

创建空白画布并保存为 impedance.slx。

这一次是数学建模，不使用 Simscope。所用模块见表 3.3，按图 3.26 配置模块，重点如下。

表 3.3　输入模型设计所用的模块

类　别	模块名称	模块的含义	数　量
Commonly Used Blocks	Constant	常　量	2
Commonly Used Blocks	Gain	增　益	1
Commonly Used Blocks	Scope	示波器	1
Math Operations	Product	乘法器	1
Math Operations	Divide	除法器	1
Commonly Used Blocks	Math Function	数学函数	1

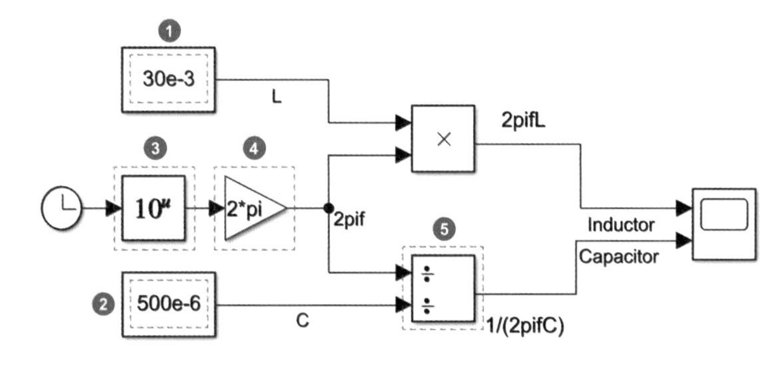

图 3.26　输入模型和阻抗：模块配置

❶ L 设定：将 Constant 模块参数设定为 `30e-3`（30mH）。

❷ C 设定：将 Constant 模块参数设定为 `500e-6`（500μF）。

❸ 函数修改：从下拉栏中选择 `10^u`，如图 3.27（a）所示。

❹ ω 设定：将“Gain”设定为 `2*pi`（$\omega = 2\pi f$）。

❺ 除法设置：将 Divide 的输入数改为 //，如图 3.27（b）所示。

停止时间设为 3s，仿真结果如图 3.28 所示，请注意下方虚线框部分。本节的目的是针对频率分析进行输入信号建模，并获取频率变化的输入信号（横坐标）。

对呈指数变化的频率建模

Matlab/Simulink 的仿真在虚拟时间内进行，结果是随着时间的推移而生成的。Scope 显示每个虚拟时间的结果，因此横轴通常固定为时间。

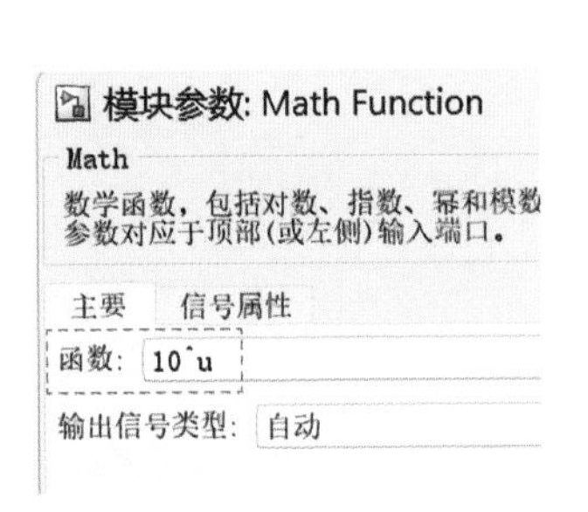

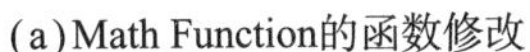
(a) Math Function的函数修改

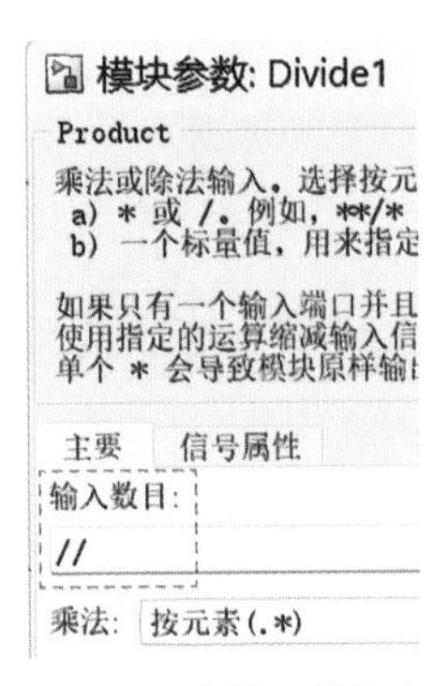

(b) Divide的输入数修改

图 3.27 输入模型和阻抗：模块设定

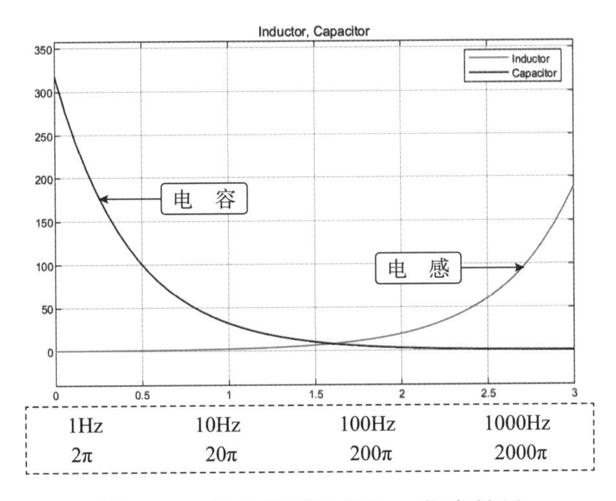

图 3.28 输入模型和阻抗：仿真结果

一般来说，横轴可以表示为频率 $f=1\sim1000\text{Hz}$，或者时间 $t=1\sim1000\text{s}$。但即使仿真持续 1000s，横轴的范围也会扩大，很难看出系统特性（趋势）。

为此，我们为输入建立模型。建模的关键在于抽象系统行为，这里使用时间 t 指示指数变化的频率，建模结果如图 3.26 中的 ❸ 和 ❹ 所示。设置 $2\pi f=2\pi10^t\,\text{rad/s}$，Scope 中时间 $t(s)$ 与频率的关系见表 3.4。

表 3.4 图 3.26 中的时间 t 与频率的关系

时间 t/s	10^t	频率 f/Hz	角速度 $2\pi f/(\text{rad/s})$
0	10^0	1	2π
1	10^1	10	20π
2	10^2	100	200π
3	10^3	1000	2000π

用 Matlab 的命令行窗口检查结果：

```
>>L=30e-3;
```

```
>>C=500e-6;
>>f = 1000;
>>2 * pi * f * L

ans =
188.4956

>> 1/(2 * pi * f * C)

ans =
0.3183
```

据此，频率与阻抗的对应关系见表3.5。简言之，电容“隔直流通交流”，电感“隔交流通直流”。

表3.5 频率与阻抗的对应关系

模块种类	阻抗	
	低频	高频
电感	小	大
电容	大	小

到目前为止，我们了解了电感和电容等基本元件在交流信号作用下的频率特性（频率响应）。通过设计改变频率的模型，并检查了基本元件的特性。

请注意，即使频率发生变化，电阻的特性也不会发生变化。

从下节开始，我们将使用包括电阻在内的基本元件（无源元件）设计无源滤波器模型，并使用OP放大器等有源元件进行有源滤波器的模型设计。

3.5 无源滤波器的模型设计

本节使用无源元件（电阻、电感、电容）设计无源滤波器模型，并借助Simscope完成设计。

无源低通滤波器的原理

使用电阻和电容搭建的无源低通滤波电路如图3.29所示，幅频特性如图3.30所示。当截止频率$f_C = 100\text{Hz}$时，频率在100Hz以下的信号可以通过，但是高于100Hz的信号无法通过。在截止频率f_C下，增益降低-3dB，相位延迟$\pi/4$（相频特性图略）。增益为0dB表示输入对应输出的放大系数为1，可见无源滤波器没有信号放大功能，只有衰减功能。

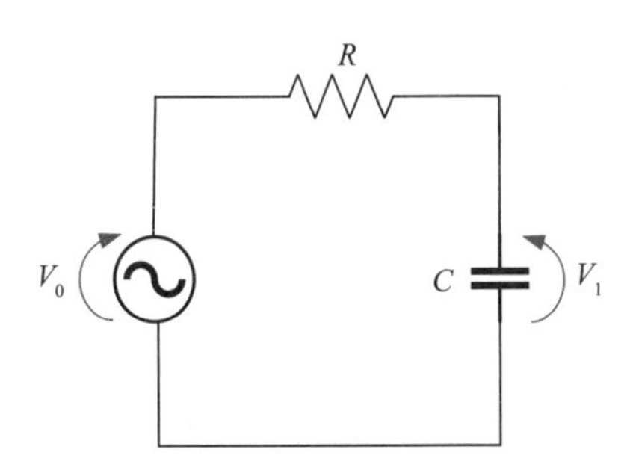

图 3.29 使用电阻和电容搭建的无源低通滤波器

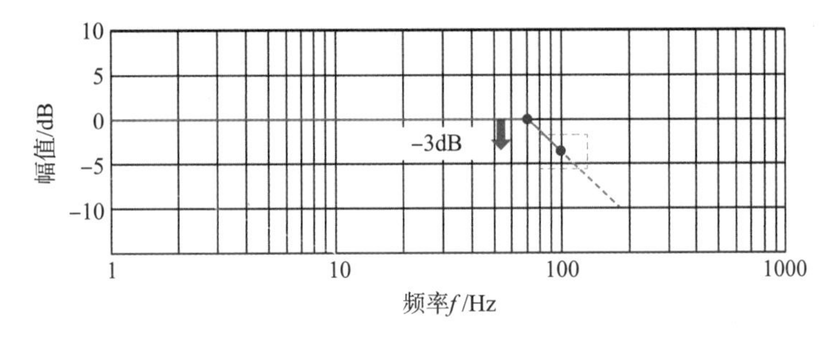

图 3.30 低通滤波器的幅频特性

在图 3.29 所示电路中，输入电压 V_0 和输出电压 V_1 具有分压关系，如图3.31(a)所示。电路中的电阻等效阻抗为 Z_R，电容等效阻抗为 Z_C，如图3.31(b)所示。由于 $V_1 \leqslant V_0$，所以最大增益为 0dB。

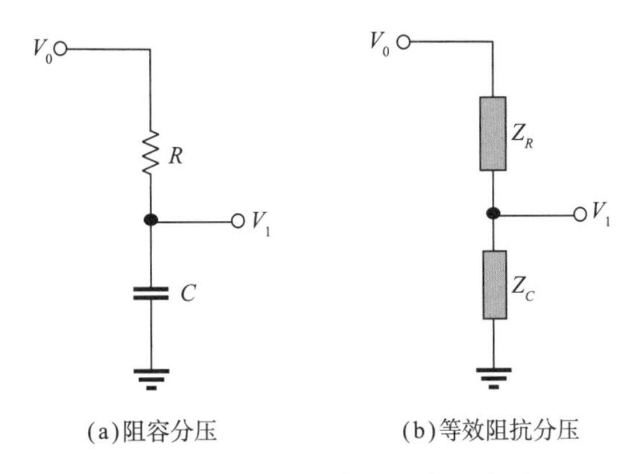

图 3.31 低通滤波器的分压关系

电阻和电容为串联关系，流过它们的电流 i 相等。根据欧姆定律，有

$$V_0 = i\left(Z_R + Z_C\right)$$

$$V_1 = iZ_C$$

放大系数 G 可用下式计算：

$$\frac{V_1}{V_0}=\frac{iZ_C}{i\left(Z_R+Z_C\right)}=\frac{Z_C}{Z_R+Z_C}$$

与式（3.27）类似，设输入电压 V_0 是频率的函数：

$$V_0\left(j\omega\right)=Ve^{j\omega t}$$

放大系数 G 取决于输入电压的频率。也就是说，放大系数与频率的函数关系可以用 $G(j\omega)$ 表示[1]：

$$G\left(j\omega\right)=\frac{Z_C\left(j\omega\right)}{Z_R\left(j\omega\right)+Z_C\left(j\omega\right)}=\frac{\frac{1}{j\omega C}}{R+\frac{1}{j\omega C}}=\frac{1}{1+j\omega RC}$$
$$=\frac{1-j\omega RC}{\left(1+j\omega RC\right)\left(1-j\omega RC\right)}=\frac{1-j\omega RC}{1+\left(\omega RC\right)^2} \tag{3.33}$$

增益是放大系数的绝对值 $\left|G\left(j\omega\right)\right|$，然而，式（3.33）中的放大系数包含虚数。在这种情况下，如图3.32所示，根据平方定理，Z 的绝对值为 $|Z|=\sqrt{a^2+b^2}$。因此，增益可以用式（3.34）表示。

$$\left|G\left(j\omega\right)\right|=\sqrt{\left[\frac{1}{1+\left(\omega RC\right)^2}\right]^2+\left[\frac{-\omega RC}{1+\left(\omega RC\right)^2}\right]^2}$$
$$=\sqrt{\frac{1+\left(\omega RC\right)^2}{\left[1+\left(\omega RC\right)^2\right]^2}}=\frac{1}{\sqrt{1+\left(\omega RC\right)^2}} \tag{3.34}$$

由此可知，随着 ω 增大，增益逐渐减小。$\omega=0$ 时，$20\log_{10}\left|G\left(j\omega\right)\right|=0$。截止频率 ω_C 为 $\omega=0$ 时增益下降3dB对应的频率，设 $\omega=\omega_C$，则

$$20\log_{10}\left|G\left(j\omega_C\right)\right|=0-3$$

$$\log_{10}\left|G\left(j\omega_C\right)\right|=\frac{-3}{20}$$

$$\left|G\left(j\omega_C\right)\right|=10^{\frac{-3}{20}}=0.7079=\frac{1}{\sqrt{1+\left(\omega_C RC\right)^2}}$$

$$\frac{1}{1+\left(\omega_C RC\right)^2}=0.7079^2=\frac{1}{2}$$

$$\omega_C RC=1$$

1）$G(j\omega)$ 是随 ω 变化的函数，不是时间 t 的函数。

$$\omega_C = 2\pi f_C = \frac{1}{RC} \tag{3.35}$$

$$f_C = \frac{1}{2\pi RC} \tag{3.36}$$

再来看相位 θ。根据式（3.33），放大系数由实部和虚部组成，因此相位如图 3.33 所示，$\theta = b/a$。

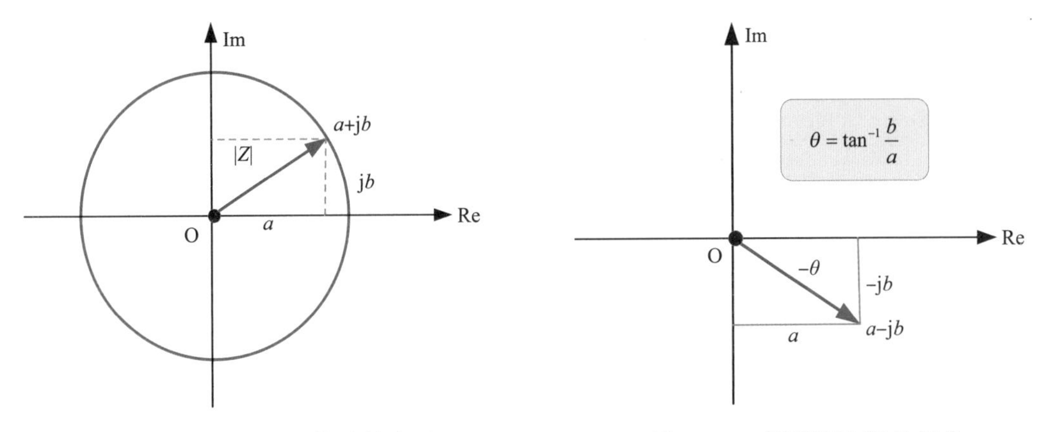

图 3.32 虚数的绝对值计算方法

图 3.33 低通滤波器的相位

无源滤波器的模型设计

低通滤波器的设计方法是根据截止频率 f_C 确定 R 和 C，根据以下设计要求使用 Simscape 设计模型。

- 滤波器类别：无源低通滤波器。
- 截止频率：$f_C = 100\text{Hz}$。
- 电源电压：AC 12V。
- 使用电阻：$R = 100\Omega$。

（1）根据式（3.36）计算电容：

$$C = \frac{1}{2\pi Rf} = \frac{1}{2\pi 100 \times 100} = 16(\mu\text{F})$$

（2）创建空白画布，保存为 passiveLow.slx。

（3）所用模块见表 3.6，按图 3.34 配置，要点如下。

❶ 函数修改：修改 $\exp \Rightarrow 10^u$。

表 3.6　无源滤波器模型所用的模块

类　别	模块名称	模块的含义	数　量
Commonly Used Blocks	Scope	示波器	1
Sources	Clock	时　钟	1
Math Operations	Math Function	数学函数	1
Utilities	Solver Configuration	求解器配置	1
Utilities	Simulink-PS Converter	Simulink 转换器	1
Utilities	PS-Simulink Convertoer	PS 转换器	1
Electrical Elements	Resistor	电　阻	1
Electrical Elements	Capacitor	电　容	1
Electrical Elements	Electrical Reference	电气接地	1
Electrical Sensors	Voltage Sensor	电压表	2
Semiconductors&Converters → Sources	Programmable Voltage Source	可编程电源	1

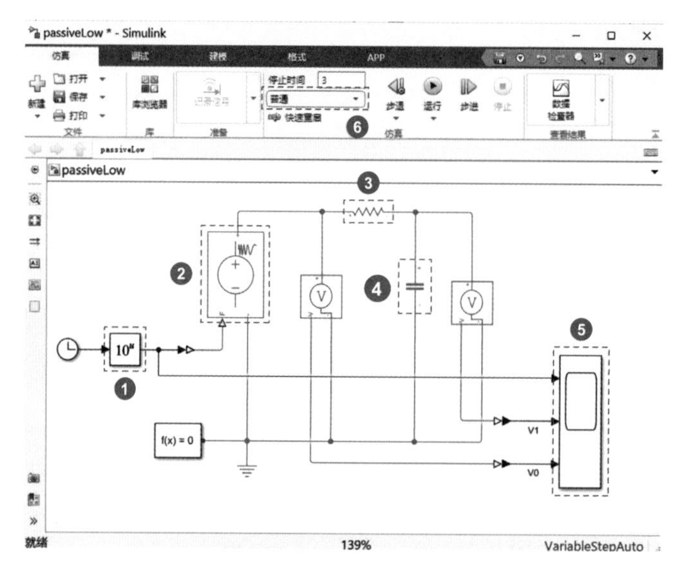

图 3.34　无源滤波器模型：模块配置

❷ 可编程电源：参照图 3.35，AC voltage peak magnitude 设定为 12V，AC frquency configuration 设定为“External”外部。

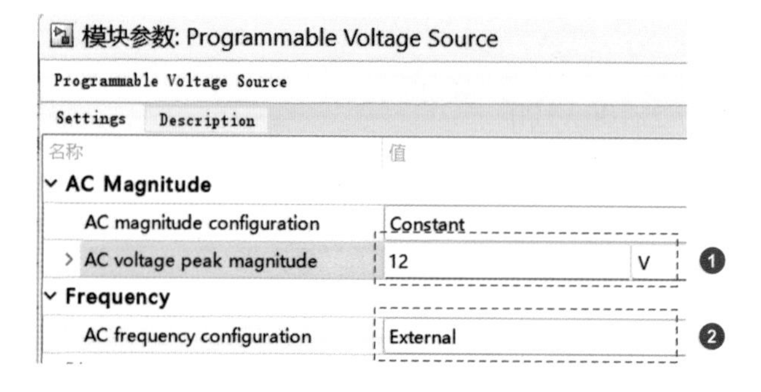

图 3.35　无源滤波器模型：电源模块设定

❸ 电阻：电阻值改为 100Ω。

❹ 电容：电容值改为 16e-6（16μF）。

❺ 输入数：改为 3 输入，按照图 3.34 进行信号线命名，按图 3.36 选择“视图→图例”。

❻ 停止时间：3s。

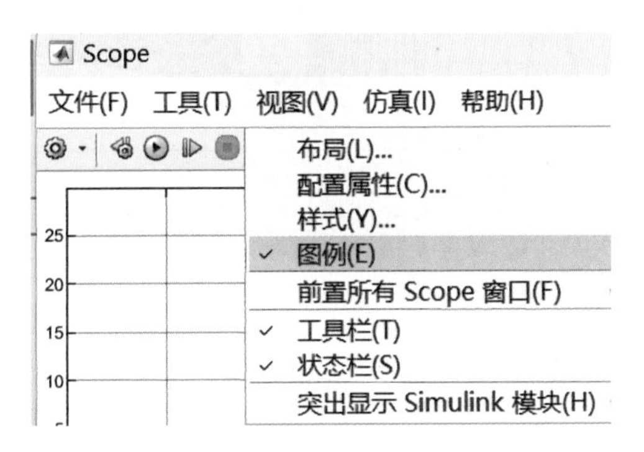

图 3.36 无源滤波器模型：信号线命名

■ 模型详情

注意，放大系数 $G(j\omega)$ 是随 ω 变化的函数，而不是时间 t 的函数。滤波器降低（控制）了截止频率处放大系数的增益 $|G(j\omega)|$，因此建模不需要 Clock 模块。

实际上，图 3.34 中的 Clock 模块、❶ 和 ❷ 是输入信号模型，用于产生变频电压信号，输入无源低通滤波器模型（物理模型）。这意味着时间 t 被用来创建变量 ω。

该输入信号模型中，$f(t)=10^t$（Hz），$\omega(t)=2\pi f(t)$（rad/s），使用的是时间 t。并且，$f(t)$ 按照图 3.35 的 AC 频率配置连接外部。所以如图 3.34 所示，设定 ❻ 停止时间为 3s，从而向物理模型输入 $f(t)=1$ ~ 1000Hz。

■ 仿真结果

仿真结果如图 3.37 所示，可以点击 ❶ 缩放按钮以显示完整的仿真结果。

横轴均为时间 t（s），第 1 行曲线表示输入频率 $f(t)$ 随时间的变化，第 2 行和第 3 行分别为输出电压 V_1 波形和输入电压 V_0 波形。当时间 $t=2$s 时，$f(t)=10^2=100$Hz，输入为 V_1（$f=100$），输出为 V_0（$f=100$）。

结果显示，截止频率 $f(2)=100$Hz，输出电压 V_1 小于输入电压 12V。

在确认是否符合低通滤波器的特征之前，用式（3.39）计算 f_C 处的相位。

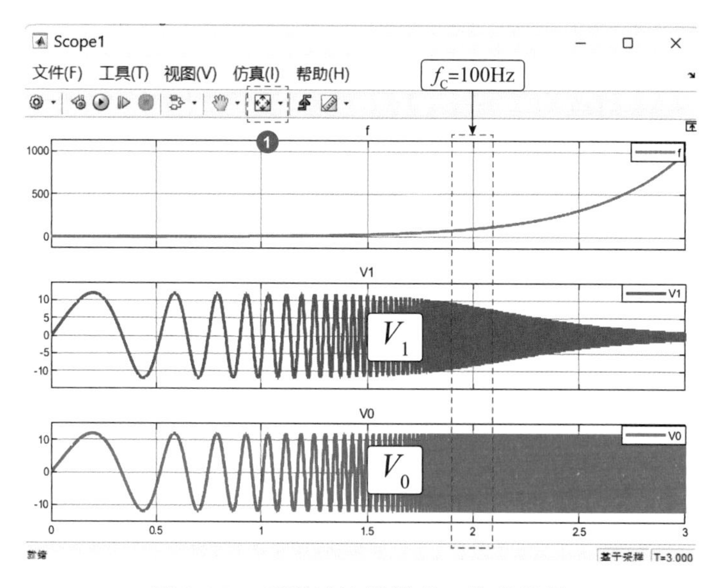

图 3.37 无源滤波器模型：仿真结果

$$a = \frac{1}{1+(\omega RC)^2}$$

$$b = \frac{-\omega RC}{1+(\omega RC)^2}$$

$$\theta = \tan^{-1}\frac{b}{a} = \frac{\frac{-\omega RC}{1+(\omega RC)^2}}{\frac{1}{1+(\omega RC)^2}}$$

$$\theta = \tan^{-1}(-\omega RC) \tag{3.37}$$

$$\theta = \tan^{-1}(-2\pi f_C RC) \tag{3.38}$$

作为低通滤波器，验证按照图 3.34 设计的模型是否满足相位延迟 π/4（rad）：

$$\theta = \tan^{-1}(-2\pi\times100\times100\times16\times10^{-6}) = \tan^{-1}(-1) = -\frac{\pi}{4}(\text{rad})$$

在截止频率 f_C 处，相位延迟 π/4 rad，即延迟 45°。

确认是否满足设计要求

观察仿真结果，确认截止频率 f_C 处是否满足以下设计要求。

- 增益：−3dB。
- 相位：延迟 π/4 rad。

确认细节时，如图 3.38 所示，选择 Scope 菜单栏的“工具→测量”，勾选“轨迹选择”和“游标测量”。然后，按照图 3.39 进行具体信号确认。

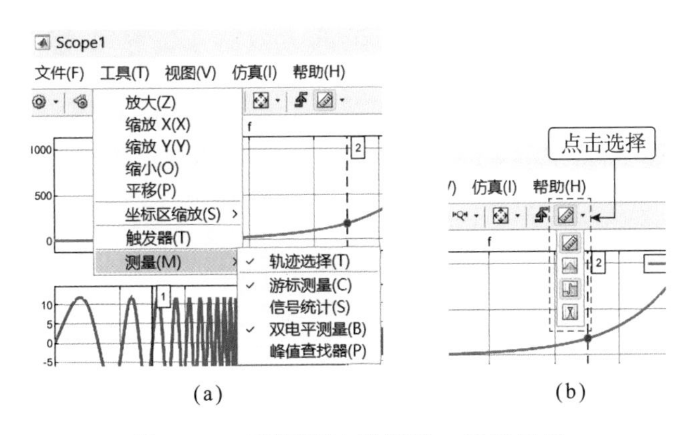

图 3.38 无源滤波器模型：测量工具

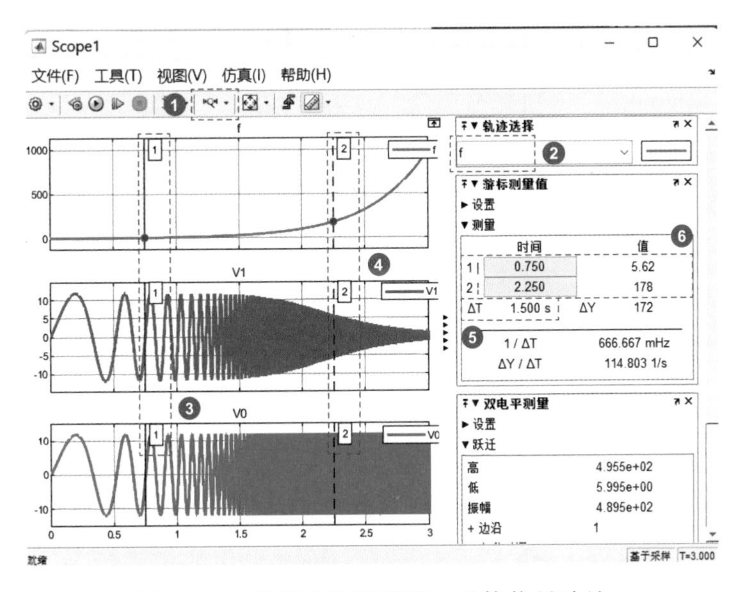

图 3.39 无源滤波器模型：具体信号确认

❶ 测量点按钮：尽管很难看出区别，该按钮的选中或不选可以扩大范围或移动测量点，扩大范围指定在 $t=2\mathrm{s}$ 附近。

❷ 轨迹选择：切换到 V_1 或 V_0。

❸ 指定测量点[1]：移动到 V_0 的最小位置。

❹ 指定测量点[2]：移动到 V_1 的最小位置。

❺ 延时：确认 ΔT ❹—❸ 的时间。

❻ 电压值：确认 V_1 的电压值。

此次使用了变频交流电压，在 $f_C = 100\text{Hz}$ 处无法进行正确的测量，所以在其附近以极小电压值进行测量。

（1）点击❶测量点按钮处于不选的无效状态，移动❸指定测量点[1]和❹指定测量点[2]至时间 $t = 2\text{s}$ 附近。

（2）点击❶测量点按钮处于选中的有效状态，此时鼠标会变成◀ + ▶，以放大 $t = 2\text{s}$ 附近的测量范围。

重复上述两步，使得视图接近图 3.40 所示。

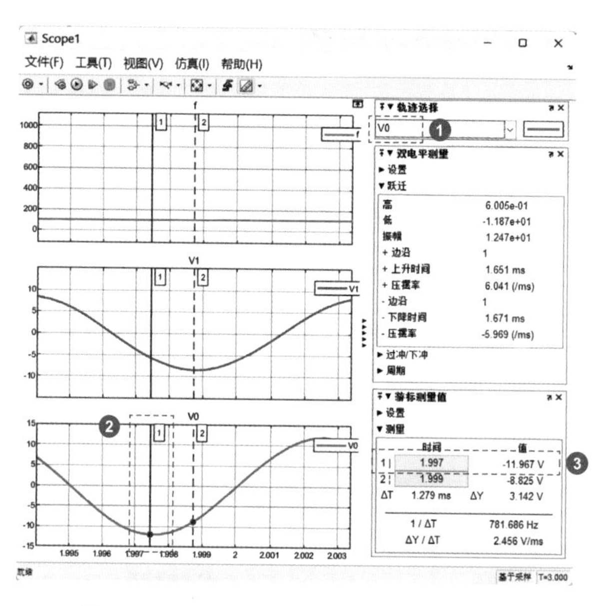

图 3.40 无源滤波器模型：V_0 信号确认

如图 3.40 所示，❶“轨迹选择”切换到 V_0，移动❷指定测量点[1]，将光标放在 V_0 的极小电压处，❸显示电压值。输入电压的极小值为 –11.967V。

❶“轨迹选择”切换到 V_1，移动❷指定测量点[2]，将光标放在 V_1 的极小电压处，❸显示电压值。输出电压的极小值为 –8.451V，如图 3.41 所示。

此时可观察到❹处的延时：确认[2]→[1]的时间 $\Delta T = 1.279\text{ms}$，如图 3.41 所示。

（3）确认增益。

```
>> 20*log10(-8.451/-11.967)

ans =
    -3.0215
```

可见 –3dB 下满足滤波器特性要求。

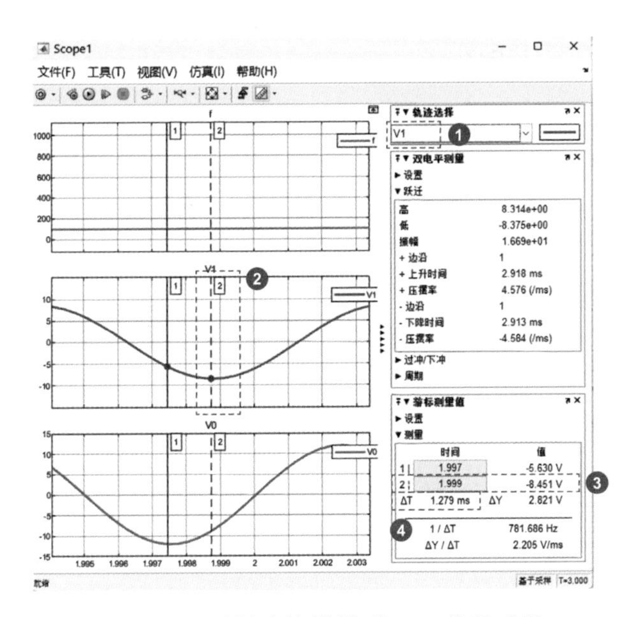

图 3.41　无源滤波器模型：V_1 信号确认

（4）确认相位。图 3.40 中 ❷ 是 V_0 的时间位置，图 3.41 中 ❷ 是 V_1 的时间位置。图 3.41 中 ❹ 表示输入信号的错位（相位差）。

$$100\text{Hz}=\frac{1}{\frac{1}{100}\text{s}}$$

估计相位差约为 π/4 rad = 1/8 周，有

$$\frac{1}{100}\text{s}\times\frac{1}{8}=1.3\text{ms}$$

图 3.41 中 ❹ 显示为 1.279ms，输出电压相对于输入电压有 π/4 rad 的相位延迟，满足滤波器特性要求。

3.6 有源滤波器的模型设计

无源滤波器只能衰减不需要的频段，而有源滤波器可以放大所需的频段。下面介绍具有放大功能的有源低通滤波器的模型设计。

设计要求

根据以下设计要求使用 Simscape 设计模型。

· 滤波器类别：低通滤波器。

· 截止频率：$f_C = 100\text{Hz}$。

· 增益：6dB。

· 电源电压：AC 12V。

电路设计

3.1 节和 3.2 节介绍了使用 OP 放大器放大输入信号的方法，3.5 节介绍了电阻和电容构成的不具备放大功能的低通滤波器，下面通过组合放大器和无源元件进行有源低通滤波的模型设计。

放大功能采用 3.2 节介绍的反相放大电路。反相放大电路的放大系数取决于图 3.14 中 R_1 和 R_2 的比值。设计要求增益 6dB：

$$20\log_{10} x = 6$$

$$x = 10^{\frac{6}{20}} = 2.0$$

设 $R_2 = 200\Omega$，根据式（3.11），$R_1 = 100\Omega$。

接着求电容，根据式（3.36），有

$$f = \frac{1}{2\pi RC} = 100 = \frac{1}{2\pi \times 200C}$$

$$C = \frac{1}{2\pi \times 200 \times 100} = 8 \times 10^{-6}(\text{F})$$

模型设计

将上一节的模型文件 passiveLow.slx，保存为 activeLow.slx。在画布上添加表 3.7 所列的模块，按图 3.42 进行配置，模块设定如下。

❶ R_1：100Ω。

❷ R_2：200Ω。

❸ C：8μF。

❹ 停止时间：3s。

表 3.7 有源滤波器模型所用的模块

类　别	模块名称	模块的含义	数　量
Electrical Elements	Resistor	电　阻	1
Electrical Elements	OP-Amp	OP 放大器	1

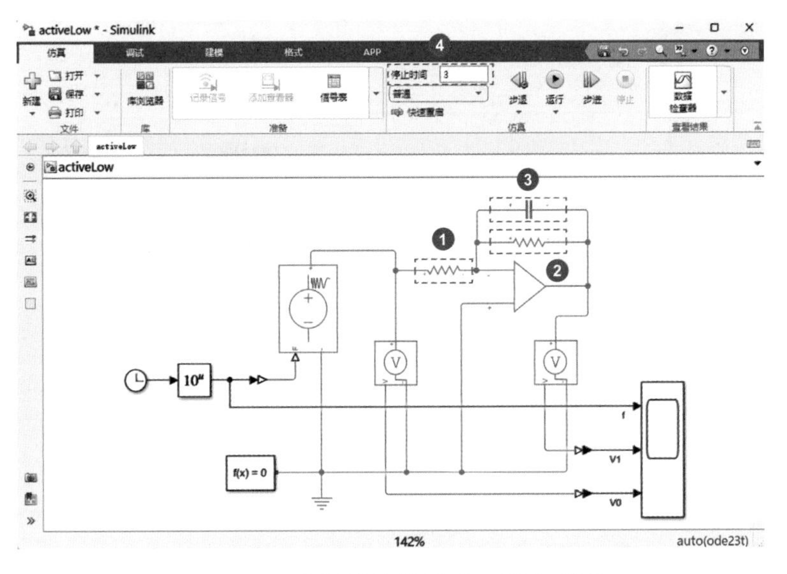

图 3.42　有源滤波器模型：模块配置

仿真结果如图 3.43 所示，观察虚线框部分，确认是否满足设计要求。

在 Matlab 命令行窗口中确认图 3.43（a）所示的增益和相位：

```
>> 23.723/12

ans =
    1.9769

>> 20 * log10(ans)

ans =
    5.9198

>> 1/10/2
```

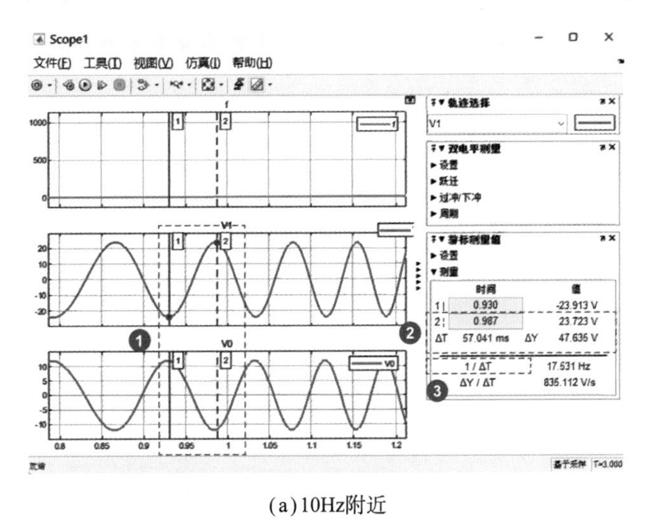

(a) 10Hz附近

图 3.43　有源滤波器模型：仿真结果

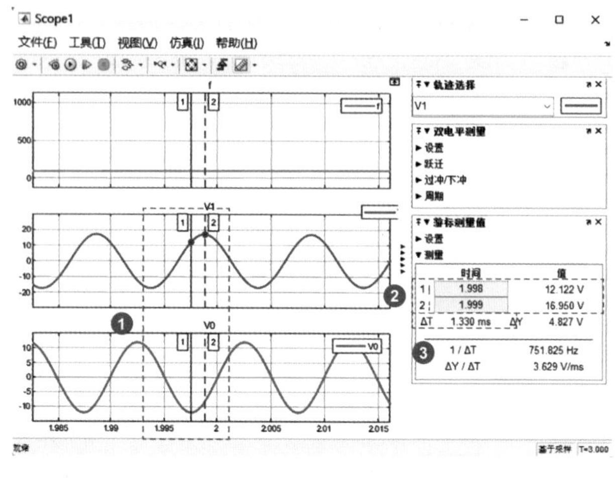

(b)100Hz附近

续图 3.43

```
ans =
    0.0500
```

可以确认频率为 10Hz 时，周期为 0.1s，增益为 6dB，相位滞后约半个周期（故周期除以 2），即 50ms。由图 3.43（a）和图 3.43（b）可知，在截止频率 f_C = 100Hz 处，电压从 23.723V 衰减到了 16.95V，增益为 −3.0dB，相位滞后约 1/8 周期（故周期除以 8），相位滞后 1.33ms。

```
>> 16.950/23.723

ans =
    0.7145

>> 20 * log10(ans)

ans =
    -2.9200

>> 1/100/8

ans =
0.0013
```

第4章
PWM与DC-DC变换器的模型设计

本章学习将直流电压转换成任意直流电压的 DC-DC 变换器的模型设计，为第 6 章的电机控制做准备。

4.1 功率器件与PWM控制基础

功率器件的基础知识

功率器件的电路符号如图 4.1 所示，功能参见表 4.1。

二极管和晶闸管都具有单向导通性，电流从阳极流向阴极。区别在于，晶闸管通过门极控制阳极 - 阴极导通，门极电流也流入阴极。二极管和晶闸管属于整流器件，在将交流电压转换为直流电压的 AC-DC 变换器中很常见。

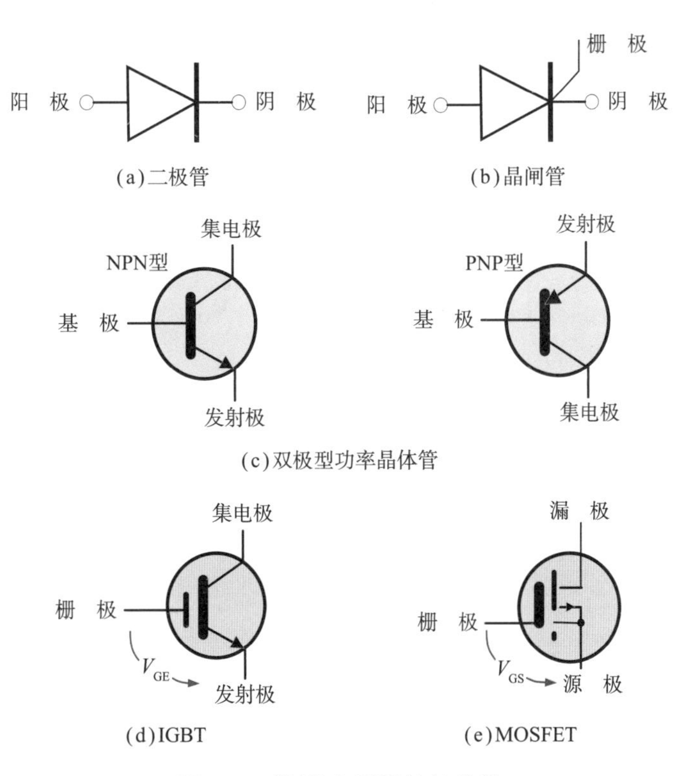

图 4.1 常用功率器件的种类

表 4.1 常用功率器件的功能

名 称	输入信号	功 能
二极管	无	整 流
晶闸管	门极电流	整 流
双极型功率晶体管	基极电流	开 关
IGBT	栅极电压	开 关
功率 MOSFET	栅极电压	开 关

双极型功率晶体管、IGBT 和功率 MOSFET 属于开关器件，分别通过控制基极电流和栅极电压来实现开关操作，这些开关器件在将直流电压转换为交流电压的 DC-AC 逆变器中很常见。下一章将进行具体的模型设计。

本章将讲解直流到直流的开关型电压转换（DC-DC 变换器），即使用开关器件、通过 PWM 脉冲为电容充电，然后，电压通过电容进行滤波处理并传输至负载，输出电压大小由开关元件的 PWM 脉冲占空比决定。

电机调速

思考图 4.2 所示的电路，开关接通后，1.5V 电压直接施加在电机上，电机会全力运转。如果 1.5V 变成可调电压，就可以控制电机转速了。

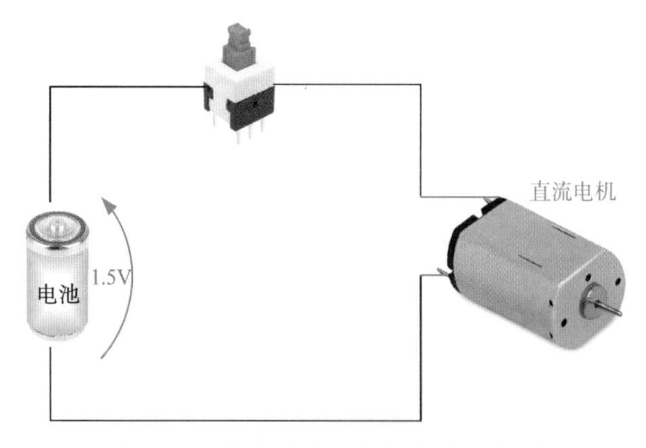

图 4.2 常见的直流电机驱动示意图

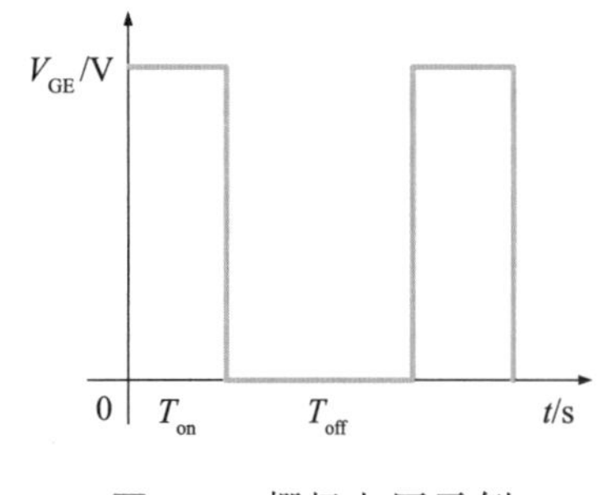

图 4.3 栅极电压示例

人工连续操作开关会怎样？缓慢切换开关，电机就会时而旋转，时而停止。提高开关切换速度，电机就能连续旋转。

人工切换开关显然不现实，将图 4.2 中的手动开关替换为开关器件，用表 4.1 所列的输入信号操作，就可以实现高速开关。

典型输入信号如图 4.3 所示，为固定周期的脉冲电流或电压。通过调整脉冲宽度来控制开关时长（占空比）的方式，被称为 PWM（pulse width modulation，脉冲宽度调制）控制。

设计 PWM 信号模型

这里将设计一个 PWM 信号模型，即 DC-DC 转换器的输入模型，设计概念如下。

输出 PWM 信号根据输入的锯齿波（Saw）信号的电压值变化，生成原理如图 4.4 所示，周期 $T=T_{on}+T_{off}$。

- Saw 信号电压低于阈值时，输出高电平（$V_{GE}=1$）
- Saw 信号电压高于阈值时，输出低电平（$V_{GE}=0$）

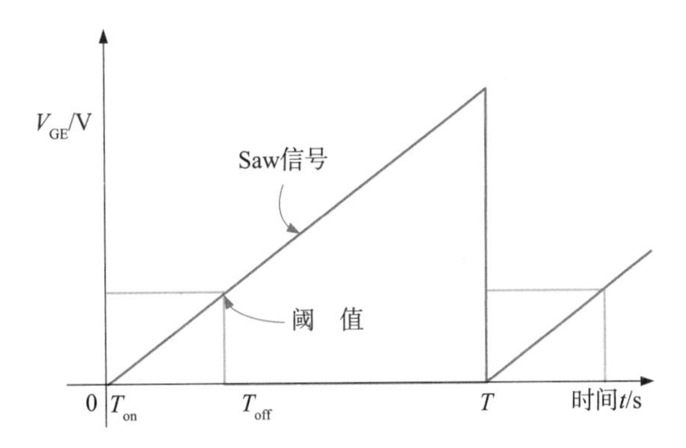

图 4.4 PWM 信号模型设计思路

模型设计

创建空白画布，保存为 pwmSignal.slx。

所用模块见表 4.2，按照图 4.5 配置，按照图 4.6 设定 Repeating Sequence 模块的参数。

表 4.2 PWM 信号模型所用的模块

类 别	模块名称	模块的含义	数 量
Commonly Used Blocks	Constant	常 量	1
Commonly Used Blocks	Scope	示波器	1
Sources	Repeating Sequence	重复序列	1
Math Operations	Relational Operator	比较器	1

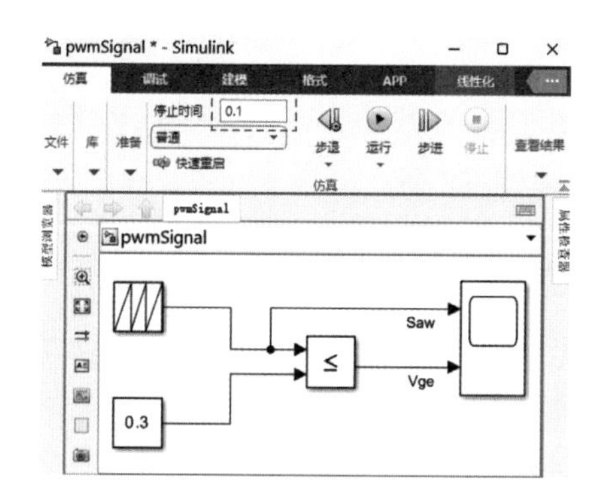

图 4.5 PWM 信号模型：模块配置

Repeating Sequence生成的锯齿波信号如图4.6所示。两种参数的含义如下。

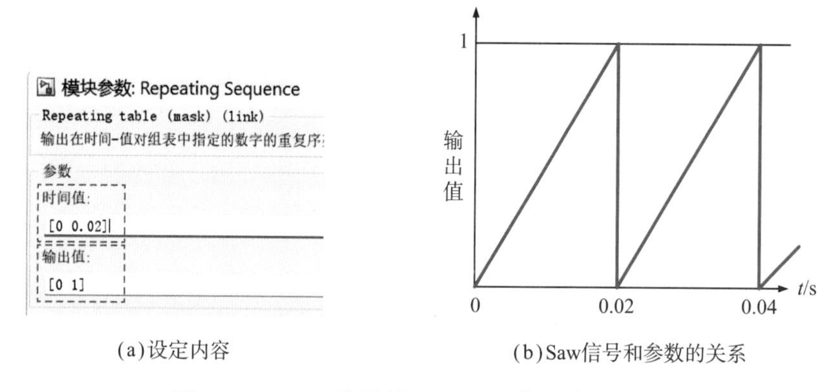

(a)设定内容　　(b)Saw信号和参数的关系

图 4.6 PWM 信号模型：Saw 信号参数设定

- 时间值：指定生成信号的周期。[0 0.02] 表示反复输出 0 ~ 0.02s 的信号，即指定 1/0.02 = 50（Hz）。
- 输出值：指定上述时间对应的值。[0 1] 表示 0s 时的值为 0，0.02s 时的值为 1。

使用 Relational Operator 模块比较两个信号，将比较结果以布尔值（二进制数）输出。布尔值用作 IGBT 等器件电压 V_{GE} 时，必须转换为实数。

确认仿真结果

将 Constant 模块的值设为 0.3，停止时间设为 0.1s，仿真结果如图 4.7 所示，以 0.02s 周期线性输出 0 ~ 1，红色波形为锯齿波信号。

蓝色波形是 PWM 信号，交替输出 1（ON）和 0（OFF）。锯齿波信号电压超过 0.3 时，Relational Operator 模块（比较器）输出由 1 切换到 0。这是因为连接 Relational Operator 模块的 Constant 模块设定为 0.3。

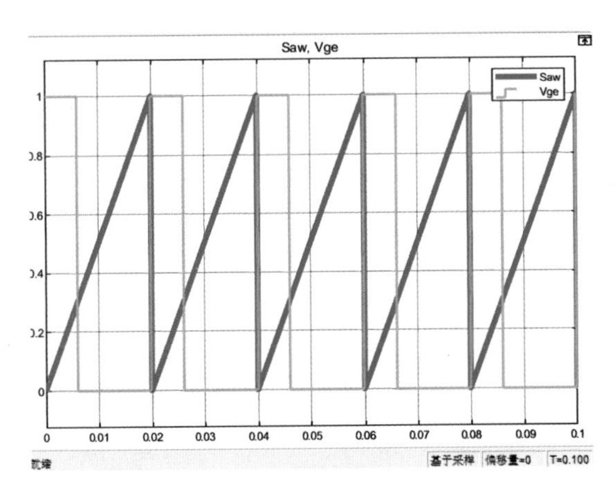

图 4.7　PWM 信号模型：仿真结果

也就是说，将阈值设定为 0.3，可以将周期 0.02s 分割成以下两部分。

· T_{on}：导通时间，占 30%，0.02 × 0.3=0.006（s）。

· T_{off}：截止时间，占 70%，0.02 × 0.7=0.014（s）。

使PWM信号占空比可调

怎样才能如图 4.8 所示，像踩油门一样使电机转速缓慢提高呢？

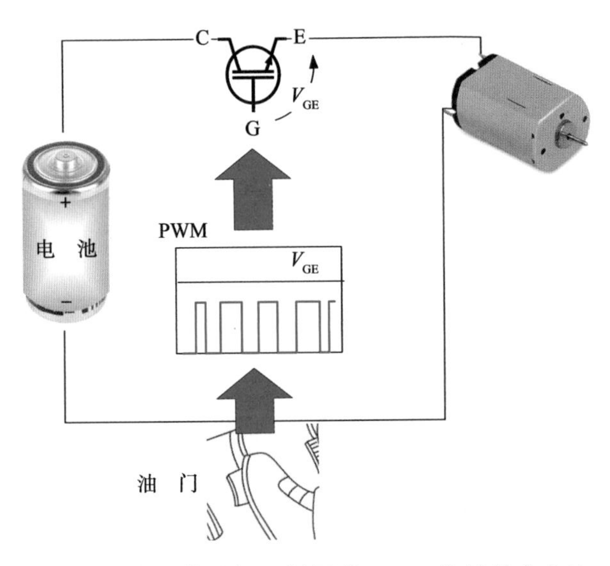

图 4.8　像操作油门一样调节 PWM 信号的占空比

方法就是根据油门（电位器）开度调节 PWM 信号的占空比。

· T_{on}：占比增大。

· T_{off}：占比减小。

模型设计

将 pwmSignal.slx 另存为 pwmSignalAcc.slx，将 Constant 模块替换为 Simulink 库浏览器中的 Source → Ramp 模块，如图 4.9 所示。

如图 4.10 所示，将 Ramp 模块参数中的“斜率”设定为 5，以便相对于横轴的时间输出斜率为 5 的信号。

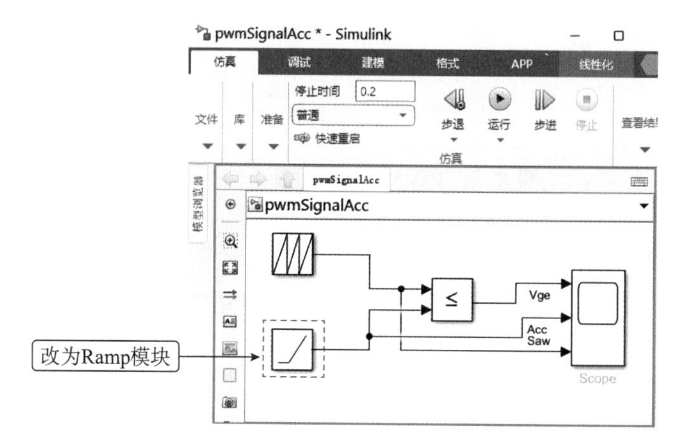

图 4.9　PWM 调速信号模型：模块配置

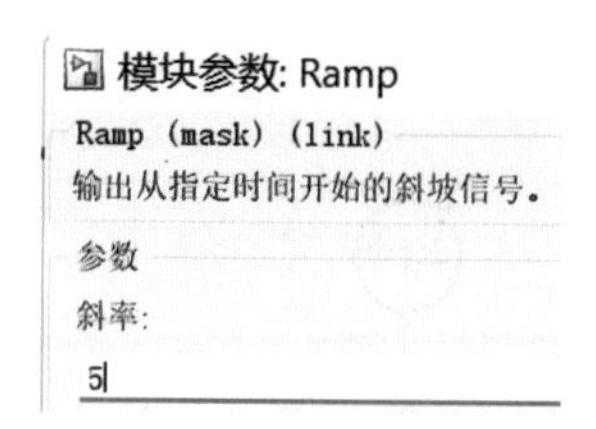

图 4.10　PWM 调速信号模型：Ramp 模块参数设定

确认仿真结果

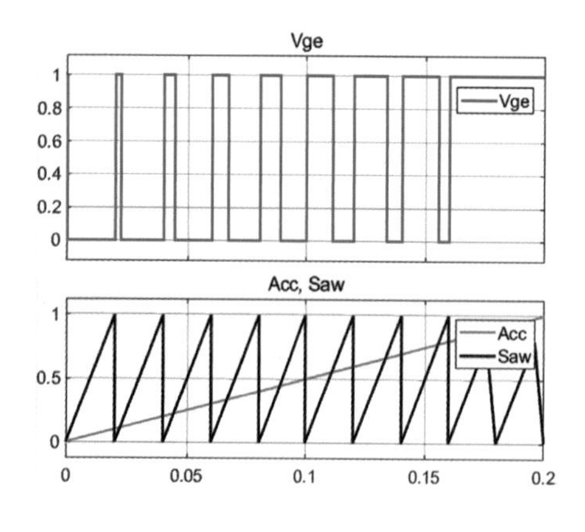

图 4.11　PWM 调速信号模型：仿真结果

将停止时间设定为 0.2s，仿真结果如图 4.11 所示。其中，红色波形是 PWM 信号。随着时间的推移，T_{on} 增大，T_{off} 减小。

黑色波形是锯齿波信号（0.02s 周期），与之前的模型 pwmSignal.slx 相同。pwmSignal.slx 中 Constant 模块的阈值固定为 0.3，而 pwmSignalAcc.slx 的阈值以斜率 5 增大，对应油门开度（转速）。

4.2 降压型变换器

下面使用 4.1 节的 PWM 信号输入模型，进行 DC-DC 变换器建模。

占空比为50%时

如图 4.12 所示，PWM 信号的高电平间隔和低电平间隔相等。设输入电压为 V_{in}，则一个周期（2π rad）的平均输出电压为

$$\overline{V_{out}} = \frac{1}{2\pi}\int_0^{2\pi} V_{in}(\omega t)\mathrm{d}\omega t = \frac{1}{2\pi}(\pi V_{in} - 0) = \frac{V_{in}}{2\pi} = 0.5V_{in} \quad (4.1)$$

式中，πV_{in} 即图 4.12 中横轴 0 ～ π 的矩形面积。

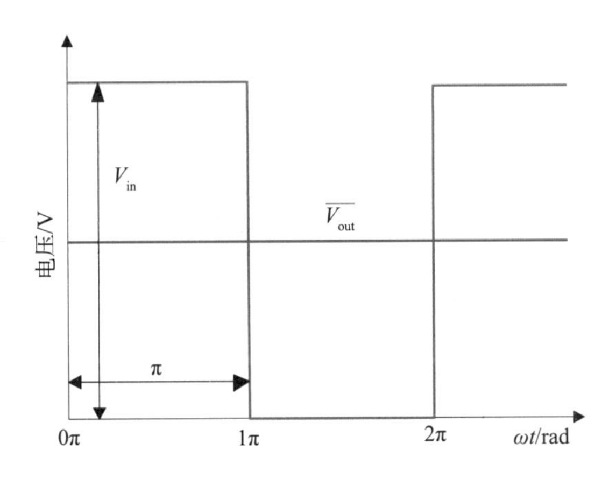

图 4.12 周期性 PWM 信号和平均输出电压

如图 4.13 所示，以时间 t（s）为横轴，设周期为 T（s），占空比为 D，则平均输出电压可用下式计算：

$$\overline{V_{out}} = \frac{1}{T}\int_0^{T} V_{in}(t)\mathrm{d}t = \frac{1}{T}V_{in}DT = DV_{in} \quad (4.2)$$

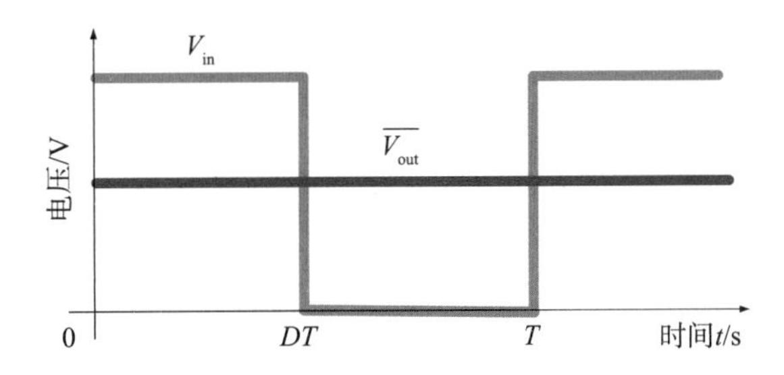

图 4.13 占空比为 50% 时的平均输出电压

降压型变换器的工作原理

降压型变换器又称Buck变换器，是一种基于电感储能原理的DC-DC变换器。通过调整输入信号（PWM）的占空比，控制开关器件的通断，从而将输入的直流电压转换为可调的低电压输出，以满足不同电路的需求。

工作原理如图4.14所示。当IGBT导通时，电流通过电感，电感储能；当IGBT截止时，电感释能，持续向负载供电，而电容则起到平滑输出电压的作用。

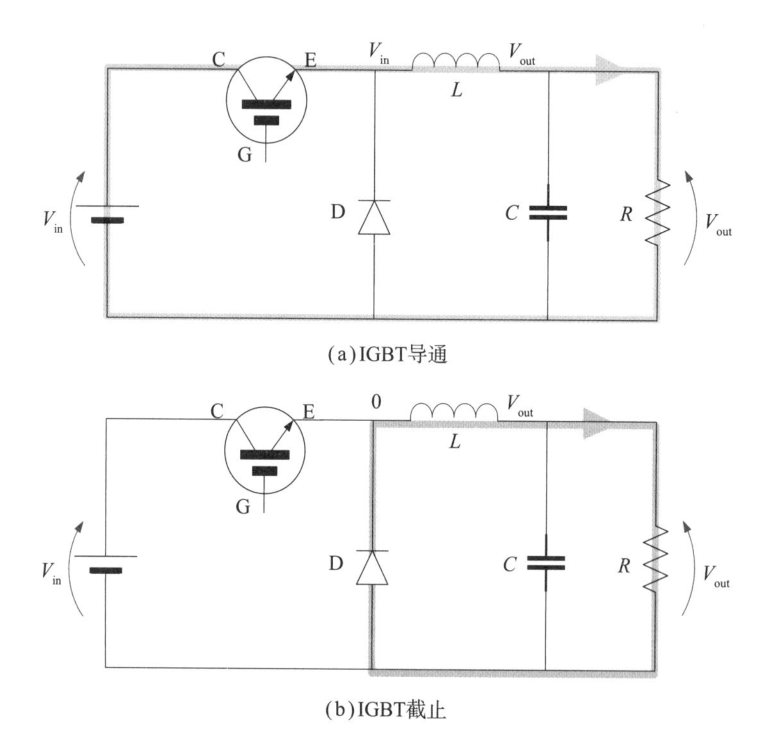

图4.14 降压型变换器的工作原理

为确保输出电压稳定，通常要对输出电压进行采样，并反馈给微控制器，以实时调节PWM信号的占空比，精确控制开关器件的通断时间。

IGBT导通时和截止时的电压积分如图4.15所示。结合图4.14，IGBT导通期间，$T_{on}=DT$，二极管截止，电感L左端电压为V_{in}（忽略IGBT内阻）、右端电压为V_{out}（R两端电压），$V_L=V_{in}-V_{out}$，电压积分为$DT(V_{in}-V_{out})$。

IGBT截止期间，$T_{off}=T-DT$，二极管导通（为电感L释能续流），电感L左端电压为0（忽略D的电阻）、右端电压为V_{out}（R两端电压相等），$V_L=0-V_{out}=-V_{out}$，电压积分为$(T-DT)(-V_{out})$。

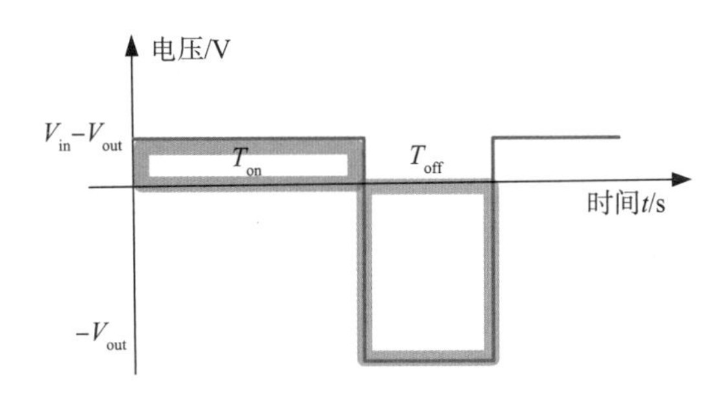

图 4.15 降压型变换器的电压积分

根据伏秒平衡原理，稳态条件下电感两端电压在一个开关周期内的积分为0。所以在周期 T 内，电感的电压积分为 0。由此，输出电压可用下式计算：

$$\begin{aligned}&DT\left(V_{in}-V_{out}\right)+\left(T-DT\right)\left(-V_{out}\right)=0\\&D\left(V_{in}-V_{out}\right)+\left(D-1\right)V_{out}=0\\&DV_{in}-V_{out}=0\\&V_{out}=DV_{in}\end{aligned}\tag{4.3}$$

降压型变换器模型设计

创建空白画布或者沿用 pwmSignal.slx，保存为 buckConverter.slx。所用模块见表 4.3，按照图 4.16 配置。

表 4.3 降压型变换器模型所用的模块

类 别	模块名称	模块的含义	数 量
Commonly Used Blocks	Constant	常 量	1
	Scope	示波器	1
	Data Type Conversion	数据类型转换	1
	Relational Operator	关系操作符	1
Simscope/Foundation Library/Electrical/Electrical Elements	Electrical Reference	电气接地	1
	Resistor	电 阻	1
	Capacitor	电 容	1
	Inductor	电 感	1
	Diode	二极管	1
Simscope/Foundation Library/Electrical/Electrical Sensors	Voltage Sensor	电压表	3
	Current Sensor	电流表	1
Simscope/Foundation Library/Electrical/Electrical Source	DC Voltage Source	直流电源	1
Simscope/Utilities	Solver Configuration	求解器配置	1
	PS-Simulink Converter	PS 转换器	4
	Simulink-PS Converter	Simulink 转换器	1
Simscope/Electrical/Semiconductors&Converters	IGBT(Ideal, Switching)	IGBT	1

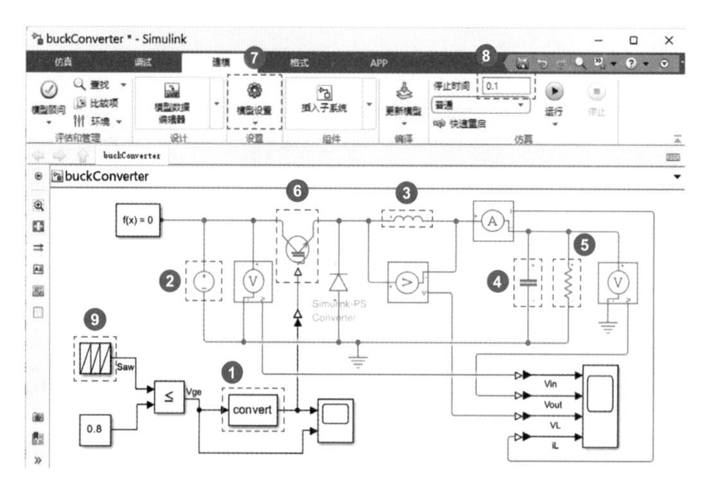

图 4.16　降压型变换器模型：模块配置

模块参数设置

❶ 信号转换器：输出数据类型转换为 double。

❷ 直流电源：输入电压设定为 12V。

❸ 电感：电感值设定为 1e-3，即 1×10^{-3}H。

❹ 电容：电容值设定为 1e-3，即 1×10^{-3}F。

❺ 电阻：电阻值设定为 10Ω。

❻ IGBT 模块：设定正向压降为 0.5V，阈值电压为 0.5V。

实际 IGBT 正向压降较高，尤其是为了开关 IGBT，阈值电压值较高。为了使 PWM 输出范围为 $0 \leqslant V_{GE} \leqslant 1$，设阈值电压为 0.5V，如图 4.17 所示。

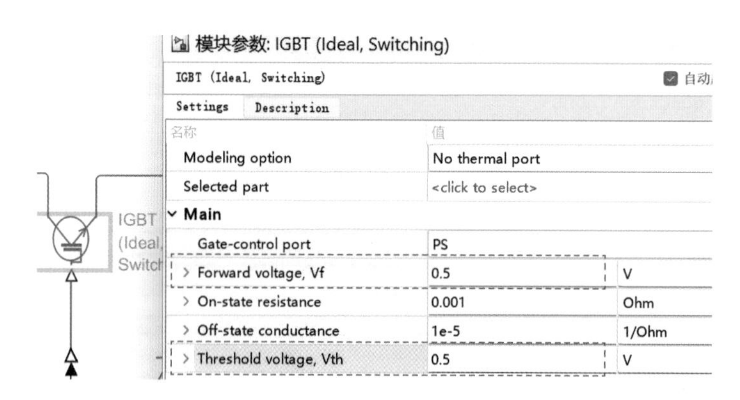

图 4.17　降压型变换器模型设计：IGBT 参数设定

❼ 模型设置：最大步长之前都是 auto（自动），这里设 PWM 频率为

5000Hz。为了观测 10 倍频率时电感中的电流，设步长为 1/50000 s，如图 4.18 所示。

❽ 停止时间：设定为 0.1s。

❾ Repeating Sequence 模块：时间值设定为 `[0 0.0002]`，输出值设定为 `[0 1]`。

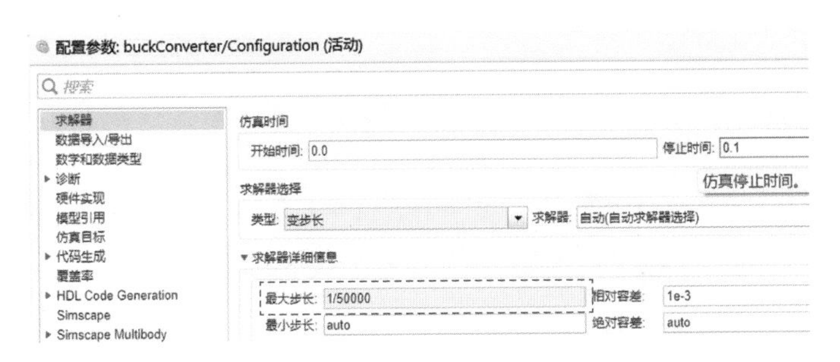

图 4.18　降压型变换器模型：求解器参数设定

仿真结果确认

仿真结果如图 4.19 所示，信号波形从上到下依次是 V_{in}、V_{out}、V_{L}、i_{L}。

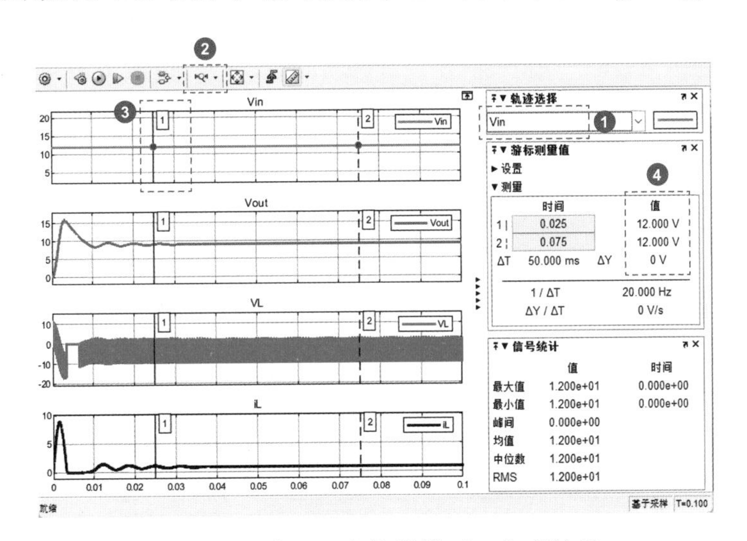

图 4.19　降压型变换器模型：仿真结果

进行逻辑分析时，每次切换信号按照下列顺序操作。

❶ 测量信号切换：轨迹选择，通过下拉菜单切换信号。

❷ 放大指定：横竖放大方向的切换，通过下拉菜单切换横 / 竖放大功能。点击 ❷ 按钮，使之处于不选的状态，可以移动 ❸ 测量点。点击 ❷ 向右按钮（左右上下标志）可返回整体画面。

❸ 测量点移动：指定测量时间。拖拽○标记可以移动测量时间（位置）。标记可以设为[1]和[2]两个点，参考图 4.20 中的 ❷，图中的标记垂线、黑点、数字[1]和[2]都可以拖拽。

❹ 测量值：测量点的值用数字表示，上面是[1]的值，中间是[2]的值，下面表示[2]和[1]的差值。

信号确认

输入电压 V_{in}

如图 4.19 所示，选择 ❶ 信号 V_{in}。第 1 行信号 V_{in} 在 0.1s 的整个仿真时间里波形稳定，是准确的 ❹12.0V 电压。

输出电压 V_{out}

关键是确认获得的 V_{out} 是否为固定值（直流）。在放大前，先确认图 4.19 中第 2 行的 V_{out} 信号波形。从开始到 0.04s 之间不稳定，但 0.05s 以后就固定不变了，变换器模型具备 DC-DC 变换器的功能。

理论上 $D = 80\%$，所以输出电压 $V_{out} = 12 \times 80\% = 9.6$（V）。如图 4.20 所示，选择 ❶ 输出电压 V_{out}，一边观察第 3 行的 V_L 波形，一边放大 0.07s 附近，对比 ❷ 周期内的测量点[1]和[2]。❸V_{out} 约为 9.02V，与理论值相差不大。当 PWM 信号有效（ON），IGBT 导通时，因 IGBT 的正向压降（图 4.17）导致输出电压 V_{out} 降低。

❹ 频率为 5kHz，与 PWM 的周期 1/5000s 一致。

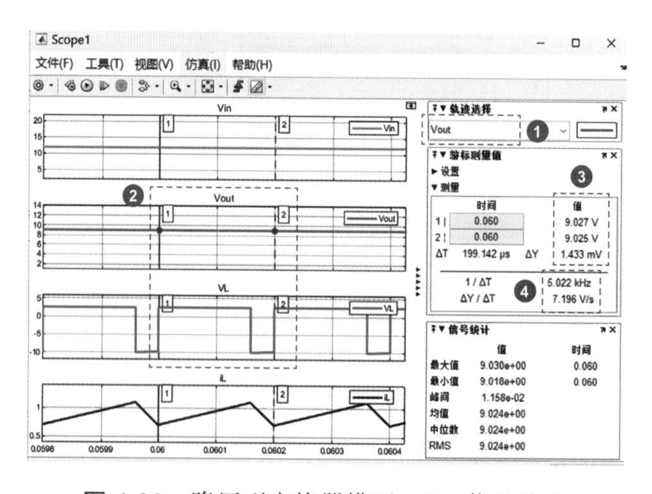

图 4.20　降压型变换器模型：V_{out} 信号放大

电感电压 V_L

如图 4.21（a）所示，❶轨迹选择为 VL，❷测量点的 1 和 2 分别设置在 V_L 波形的上升沿和下降沿。

储能阶段：

$$V_L = V_{in} - V_{out}$$

$$12 - 12 \times 0.8 = 2.4(\text{V})$$

如图 4.21 所示，❸测量点[1]的电压值为 2.47V。图 4.20 中❹频率为 5kHz，$T = 1/5000$。图 4.21 显示❹$\Delta T = 160\mu\text{s}$，与理论值 $T_{on} = D \times T = 0.8/5000 = 160(\mu\text{s})$ 一致。

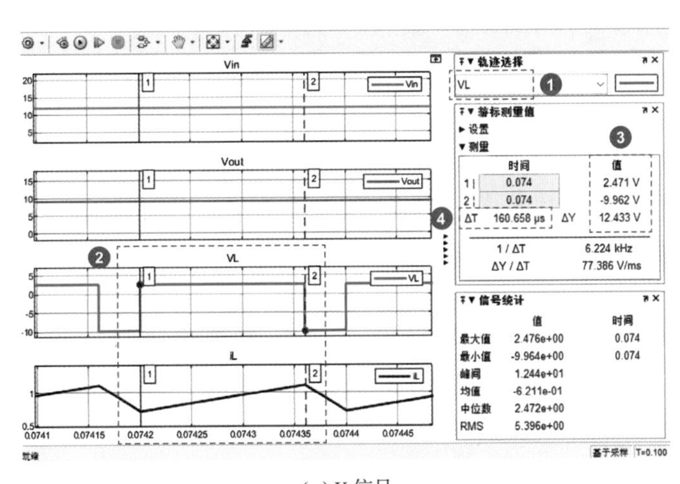

(a) V_L信号

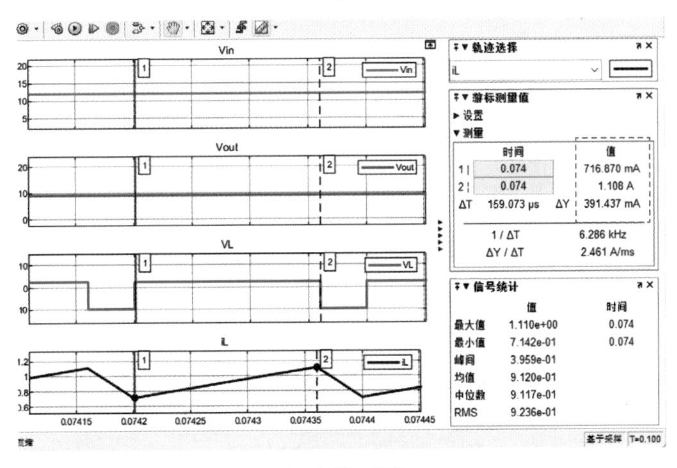

(b) 电流i_L信号

图 4.21 降压型变换器模型：V_L 与 i_L 信号放大

释能阶段：

$$V_L = 0 - V_{out} = -V_{out}$$
$$-12 \times 0.8 = -9.6(\mathrm{V})$$

图 4.21 ❸ 测量点[2]的电压值为 −9.96V。这里要注意，电感释能期间，输出电压不是 0。也就是说，IGBT 截止时，电感也会通过二极管释能，输出的是负电压。储能阶段周期为 1/5000s，因此释能阶段 $T_{off} = (1-D) \times T = (1-0.8)/5000 = 40(\mu s)$。

式（4.3）以“整个周期电感的电压积分为 0”为前提，这里加以验证。根据图 4.15，分别计算电感储能和释能阶段的面积。

$$DT(V_{in} - V_{out}) = 160 \times 10^{-6} \times 2.47 = 395.2 \times 10^{-6} \tag{4.4}$$

$$(1-D)T(-V_{out}) = 40 \times 10^{-6} \times (-9.96) = -398.4 \times 10^{-6} \tag{4.5}$$

$$DT(V_{in} - V_{out}) + (1-D)T(-V_{out}) = 0 \tag{4.6}$$

周期 T 内电感的电压积分为 0。

■ 电感电流 i_L

对电感施加方波电压 V_L 时，其电流 i_L 如图 4.21 的第 4 行波形所示，轨迹选择切换为 iL，测量值如图 4.21（b）所示。下面结合图 4.22 解释电感电流 i_L 为何呈锯齿状。根据式（3.28）有

$$V_L(t) = L\frac{\mathrm{d}}{\mathrm{d}t}i_L(t) \tag{4.7}$$

两边积分，得到

$$i_L(t) = \frac{1}{L}\int V_L(t)\mathrm{d}t \tag{4.8}$$

由于 $V_L(t)$ 是方波，T_{on} 和 T_{off} 固定不变，因此

$$i_L(t) = \frac{V_L}{L}\int \mathrm{d}t = \frac{V_L}{L}t + I_{L0} \tag{4.9}$$

$$= \alpha t + \beta \tag{4.10}$$

其中，I_{L0} 是初始电流，积分时要注意初始值。所以 $i_L(t)$ 是以 t 为变量、斜率 $\alpha = V_L/L$、截距 $\beta = i_{L0}$ 的一次函数，图像为一条斜线。

电感储能阶段，$V_L = V_{in} - V_{out}$，$V_{in} \geqslant V_{out}$，由式（4.7）可知

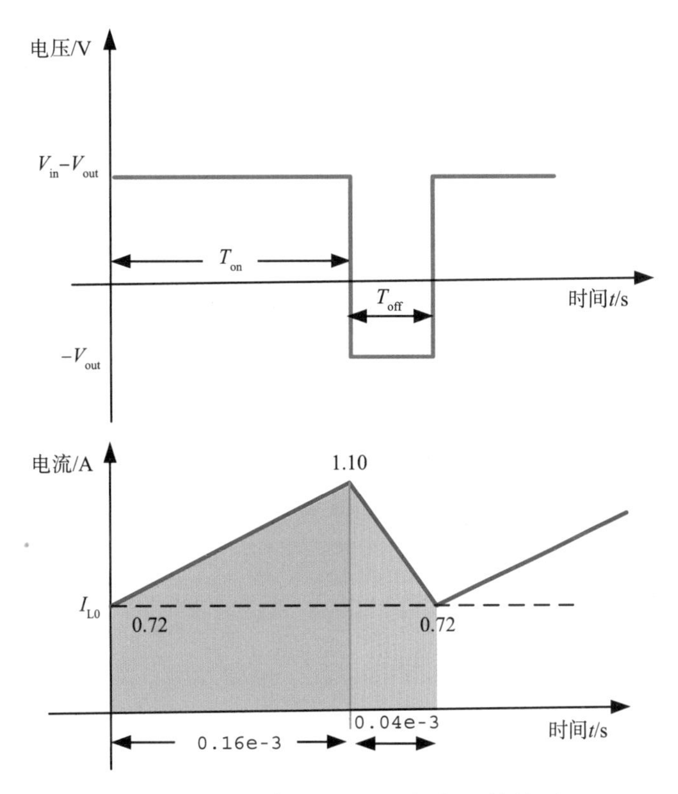

图 4.22 电感电压 V_L 和电流 i_L 的关系

$$\frac{d}{dt}i_L(t)>0$$

α 为正斜率。

电感释能阶段，$V_L=-V_{out}$，由式（4.7）可知

$$\frac{d}{dt}i_L(t)<0$$

α 为负斜率。因此，电流 i_L 的波形呈锯齿状，如图 4.22 所示。

简言之，电感储能阶段，电流增大，α 为正斜率；电感释能阶段，电流减小，α 是负斜率。

进一步如图 4.23 所示，用 T_{on} 和 T_{off} 对应的梯形面积乘以深度 V_L 就可以求出体积，即电能。

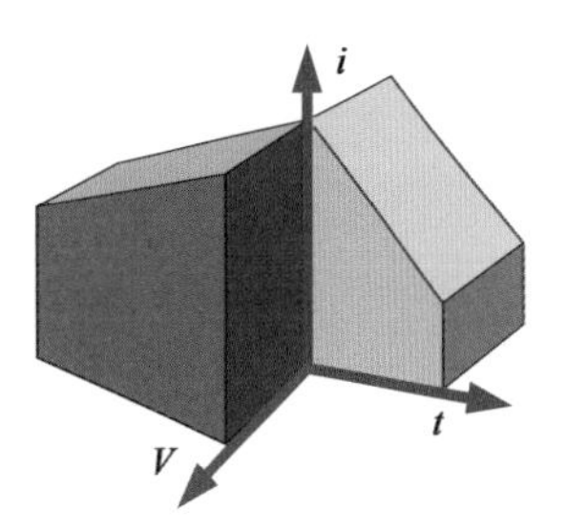

图 4.23 能量收支

电感储能阶段：

$$V_L=V_{in}-V_{out}=2.47(\mathrm{V})$$

$$E_{on}=2.47\times\frac{0.72+1.10}{2}\times0.16\times10^{-3}=0.36\times10^{-3}(\mathrm{J})$$

电感释能阶段：

$$V_{\mathrm{L}} = -V_{\mathrm{out}} = -9.96(\mathrm{V})$$

$$E_{\mathrm{off}} = -9.96 \times \frac{1.10 + 0.72}{2} \times 0.04 \times 10^{-3} = -0.36 \times 10^{-3}(\mathrm{J})$$

综上，电感能量收支平衡，电能最终归零。

电容C的作用

在图 4.16 模型的基础上，修改电容模块的参数，将 1e-3 改为 1e-9 后的仿真结果如图 4.24 所示。移动第 2 行波形测量点[1]和[2]，V_{out} 变化了 10.551−6.849 = 3.702（V）。由此可见，电容模块起到了稳定输出电压 V_{out} 的滤波器作用。

$$Z_{\mathrm{C}} = \frac{1}{\mathrm{j}\omega C} = \frac{1}{\mathrm{j}2\pi fC}$$

此时，电容 C 越小，阻抗越大。

$C = 1 \times 10^{-3}$ 时，

$$Z_{\mathrm{C}} = \frac{1}{\mathrm{j}2\pi 5000 \times 10^{-3}} = -0.03\mathrm{j}(\Omega)$$

$C = 1 \times 10^{-9}$ 时，

$$Z_{\mathrm{C}} = \frac{1}{\mathrm{j}2\pi 5000 \times 10^{-9}} = -31.83\mathrm{j}(\mathrm{k}\Omega)$$

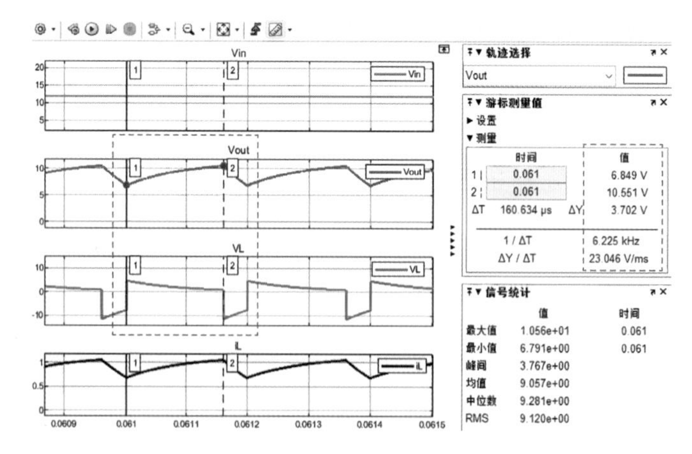

图 4.24　降压型变换器模型：改小电容后的仿真结果

可见，电容对电感中产生的高频电流有滤波作用。

不断放大输出电压波形，就会看到图 4.25 所示的曲线。

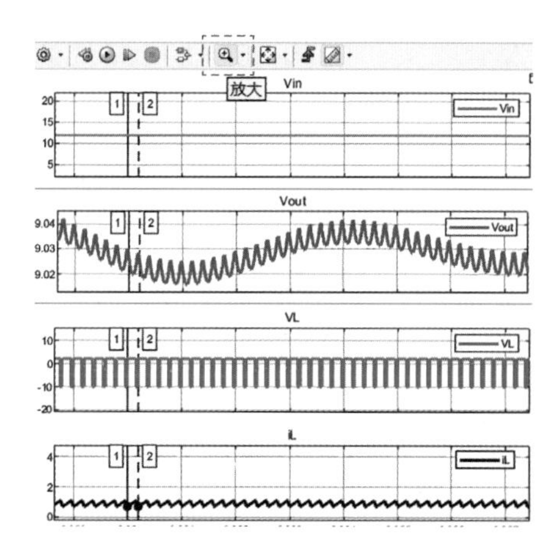

图 4.25　降压型变换器模型：放大输出电压波形

将模型中的 Repeating Sequence 模块的时间值设定为 [0 0.02]，仿真结果如图 4.26 所示，读者可以自行对比分析提高 PMW 信号频率的影响。

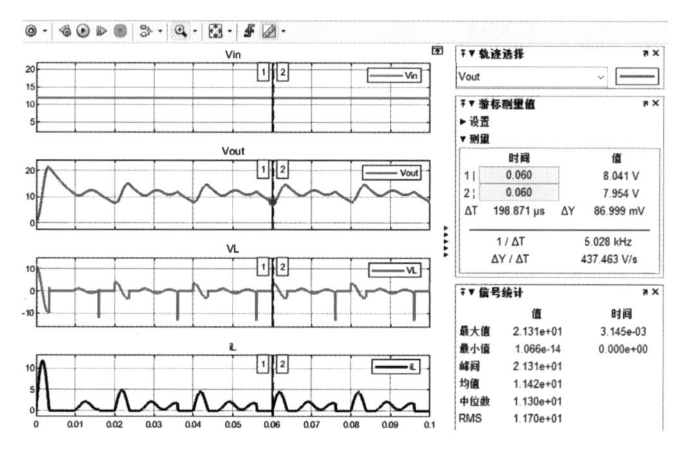

图 4.26　降压型变换器模型：PMW 信号频率降低的结果

4.3 降压型变换器自动控制

上一节介绍了调节 PWM 信号脉宽可以从直流电压得到任意电压，如果输入的直流电压是变化的，该如何调节 PWM 信号脉宽呢？

自动控制的基础知识

降压型变换器控制的物理模型如图 4.27 所示。

输出电压的调整是通过比较降压型变换器的输出电压和目标电压，手动旋转调节盘上的旋钮，使输出电压值与目标值完全一致。人工无法实现毫秒级的高速调节，手动控制显然不现实。因此，需要电路代替人类进行自动控制，电气调节刻度盘与 PWM 占空比相对应。

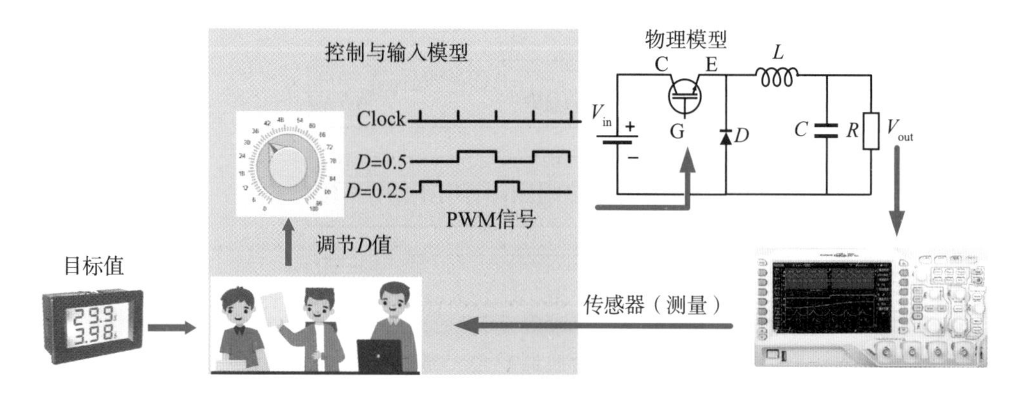

图 4.27　通过反馈控制稳定降压型变换器输出电压

为了用电路代替人工进行自动控制，如图 4.28 所示，在控制模型中加入传感器，将传感器测量的当前值与目标值相比较，并据此实时调节控制值（占空比 D）。

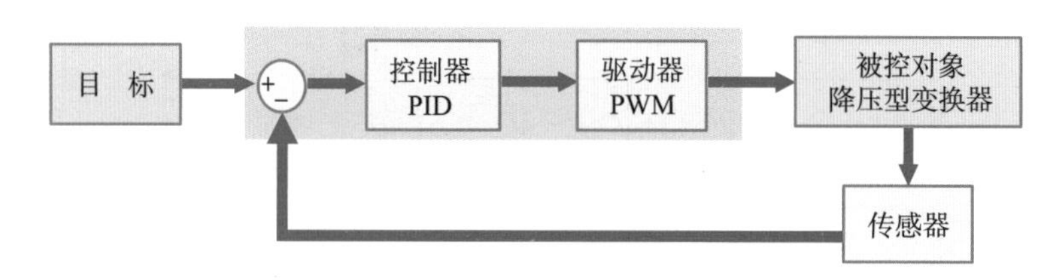

图 4.28　降压型变换器自动控制系统框图

降压型变换器控制模型设计

根据下列要求，用 Simscope 设计控制模型。

· 输入电压：（12 ± 4）V。

· 目标输出电压：（5 ± 0.5）V。

将上一节的模型 buckConverter.slx 另存为 buck_ConverterCont.slx，并添加表 4.4 所列的模块，按照图 4.29 进行配置，要点如下。

表 4.4　降压型变换器控制模型所用的模块

类　别	模块名称	模块的含义	数　量
Commonly Used Blocks	Sum	加法器	1
	Scope	示波器	1
Commonly Used Blocks	Delay/Zero-OrderHold	延迟 / 零阶保持器	1
Discrete	Discrete PID Controller	离散 PID 控制器	1

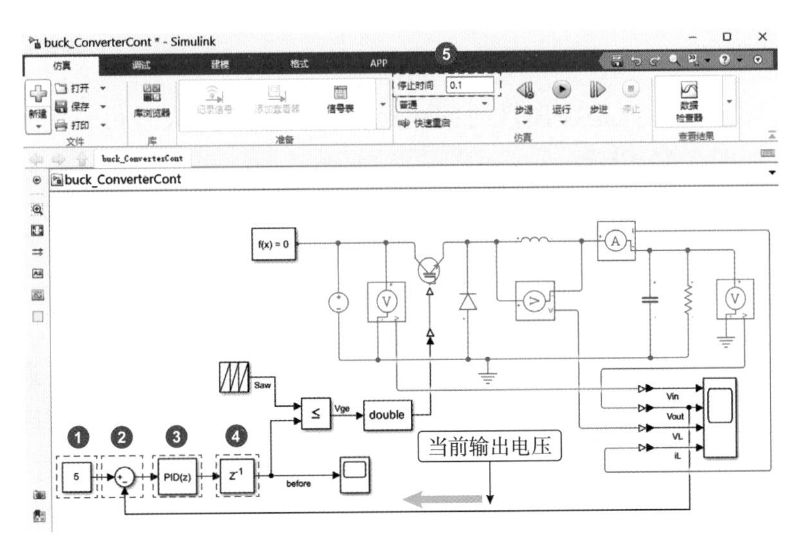

图 4.29 降压型变换器控制模型：模块配置

❶ 目标输出电压：5V。

❷ 偏差计算：目标电压（期望值）和当前输出电压的代数差，相当于图 4.28 中的比较点。

❸ PID 控制：控制模型 P（比例）、I（积分）、D（微分）分别保持默认值不变，如图 4.30 所示。

❹ 延迟模块：如图 4.31 所示，设 ❶ 延迟长度为 1，初始条件为 0，❷ 采样时间为 -1（继承），即可继承仿真的步长。

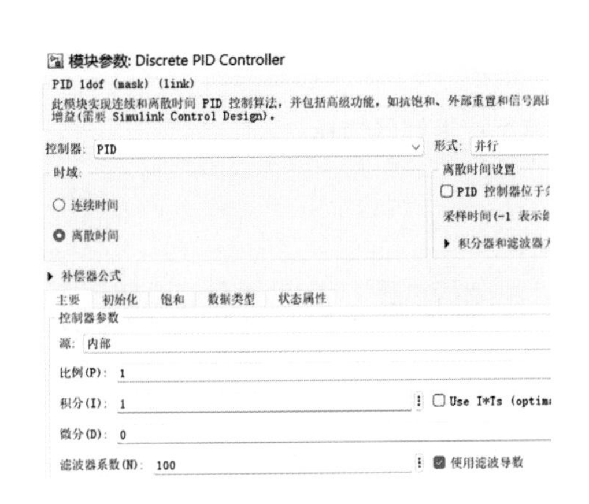

图 4.30 降压型变换器控制模型：PID 控制参数

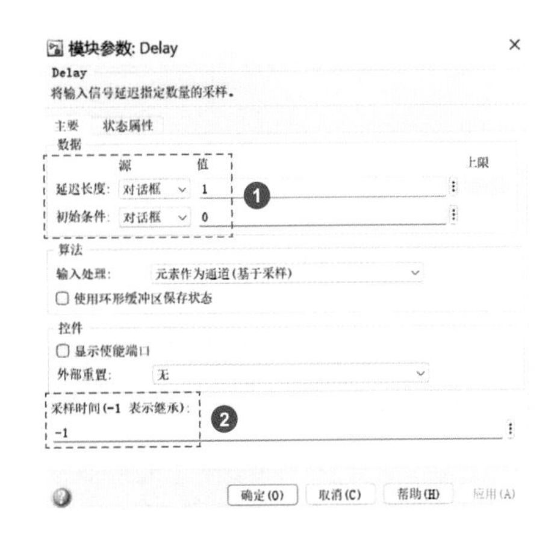

图 4.31 降压型变换器控制模型：离散时间设定

仿真步长

仿真并不连续，而是在离散时间内运行。离散时间大致可分为可变步长和固定步长，如图 4.32 所示。

指定可变步长和固定步长时，右键点击画布空白处，选择“模型配置参数（F）”进入“求解器参数设定”画面，如图 4.33 所示。“求解器选择”的❶“类型”是离散时间设置。如果“求解器详细信息”的❷步长全设为 auto，则全部自动计算仿真的运行时间（图 4.32 中的 Timing）。通常，进行高速仿真（如控制）时，要么指定 Timing 最大值，要么明确指定固定步长的步长间隔。图 4.18 的“求解器详细信息”中，仅指定最大步长为 1/50000 s，从而确定仿真的最大间隔。

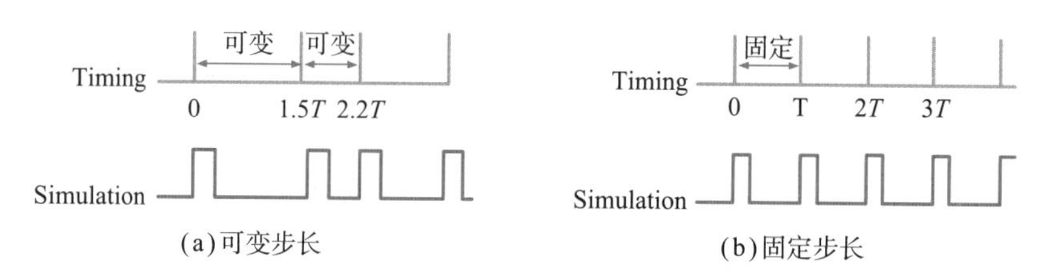

图 4.32 可变步长和固定步长

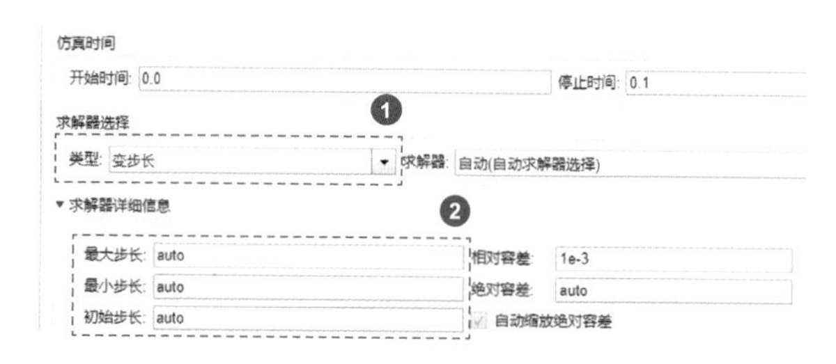

图 4.33 降压型变换器控制模型：求解器选择

代数环问题

创建空白画布并保存为 algebraLoop.slx，添加表 4.5 所列的模块，按照图 4.34 进行配置。

表 4.5 代数环模型所用的模块

类 别	模块名称	模块的含义	数 量
Commonly Used Blocks	Constant	常 量	1
Commonly Used Blocks	Sum	加法器	1
Commonly Used Blocks	Scope	示波器	1

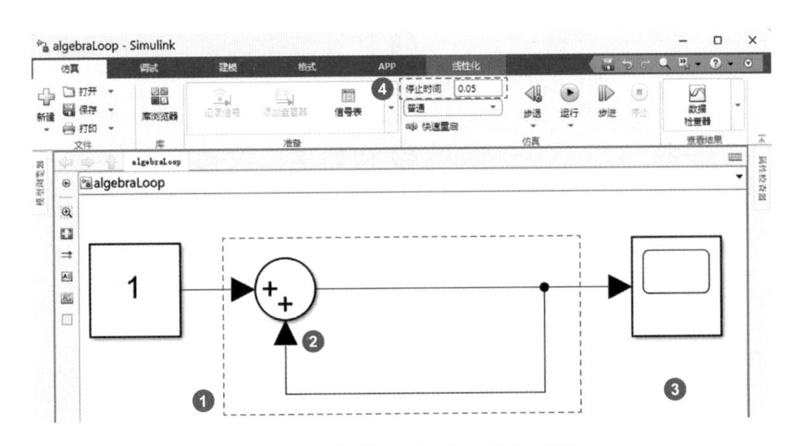

图 4.34 代数环模型：模块配置

在图 4.34 的❸画布空白处点击右键，选择“模型配置参数（F）”，按图 4.33 设定求解器参数。

· 求解器选择：类型选择“变步长”。

· 最大步长：1/50s。

按图 4.34 的❹设定停止时间并点击“运行”按钮，会出现黄色警告“含有代数环，无法运行”。该代数环有以下两个问题，分别与图 4.34 中的❶和❷有关。

· 形成环：加法器输出信号进入了输入端，运算呈环状。

· 初始值：加法结果的初始值不定，所以仿真刚开始时的加法运算不成立。

将有问题的 algebraLoop.slx 另存为 algebraLoopSolve.slx，按照图 4.35 添加表 4.6 所列的模块。这样，如图 4.35 和图 4.36 所示，问题就解决了。

表 4.6 解决代数环模型设计所用的模块

类 别	模块名称	模块的含义	数 量
Commonly Used Blocks	Delay	延时器	1

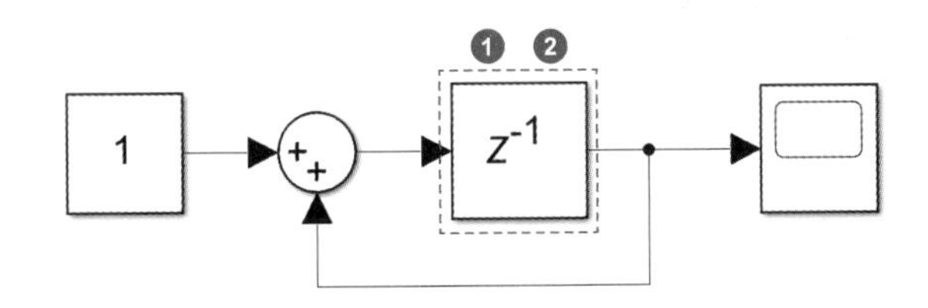

图 4.35 消除代数环的模型：模块配置

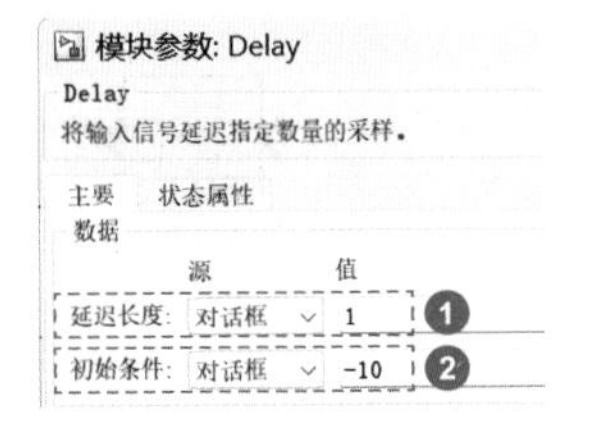

图 4.36 消除代数环的模型：模块参数设定

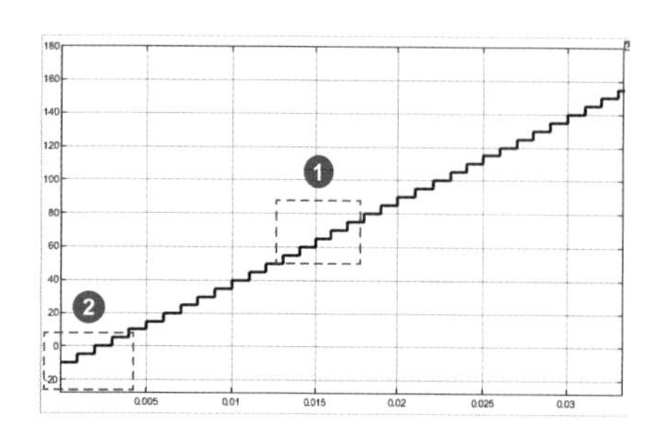

图 4.37　消除代数环的模型设计：仿真结果

❶ 计算结果延迟：通过延迟一个步长，消除消代数环。

❷ 初始值：设初始条件为 `-10`，明确指定初始值为 `-10`。

这次仿真正常结束，结果如图 4.37 所示，输出从 `-10` 开始，计算结果延迟一步，推进计算。

图 4.29 的模型按图 4.33 设定求解器参数，求解器类型选择“变步长”，求解器选择“自动（自动求解器选择）”，指定最大步长为 1/50000 s，最小步长和初始步长设为 auto，相对容差设为 `1e-3`，绝对容差设为 auto，可得图 4.38 所示仿真结果。

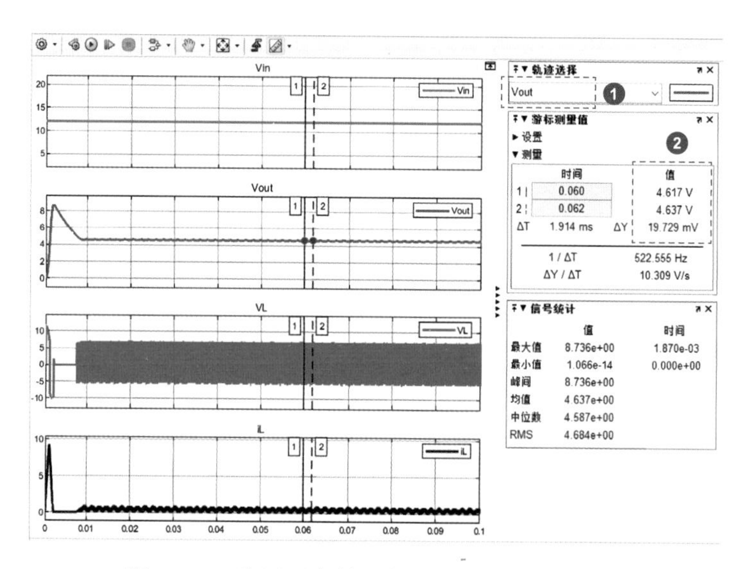

图 4.38　降压型变换器控制模型：仿真结果

Simulink/Discrete 模块库中有一个零阶保持器（Zero-Order Hold）模块，如图 4.39 所示，也可用它取代延迟（Delay）模块，采样时间为 `-1`（继承）。

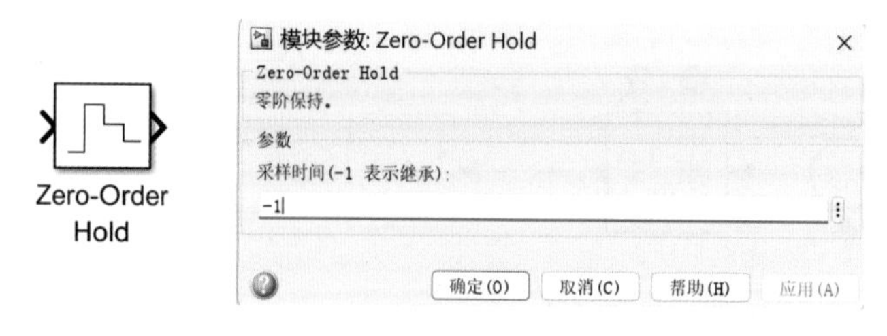

图 4.39　零阶保持器模块与采样时间设定

确认控制稳固性

前两个模型的输入电压一直保持恒定（$V_{in}=12V$），我们来看看电源电压下降时控制模型是否仍能有效工作。将 DC Voltage Source 替换为表 4.7 所列的模块，按照图 4.40 设定参数。

❶ AC voltage peak magnitude：4V。

❷ AC voltage frequency：0.1Hz。

❸ AC voltage phase shift：90deg。

❹ DC voltage：12V。

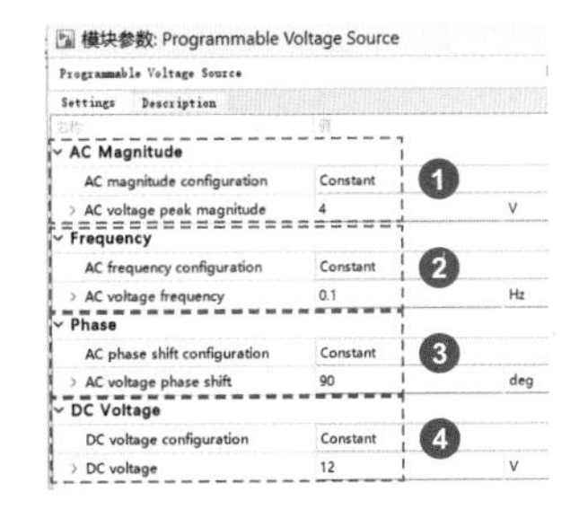

图 4.40 输入变化控制模型：Programmable Voltage Source 参数设定

表 4.7 设计输入变化控制模型时使用的模块

类　别	模块名称	模块的含义	数　量
Electrical → Sources	Programmable Voltage Source	可编程电源	1

根据上述设定，输入电压 V_{in} 为

$$V_{in}=12+4\sin\left(\frac{2\pi t}{10}+\frac{\pi}{2}\right)=12+4\cos\left(\frac{\pi t}{5}\right)$$

这样，输入电压从 16V 逐渐减小，就像笔记本电池一样，我们以此检验控制效果。

按图 4.41 配置模型，将 ❶ 停止时间设为 3s。

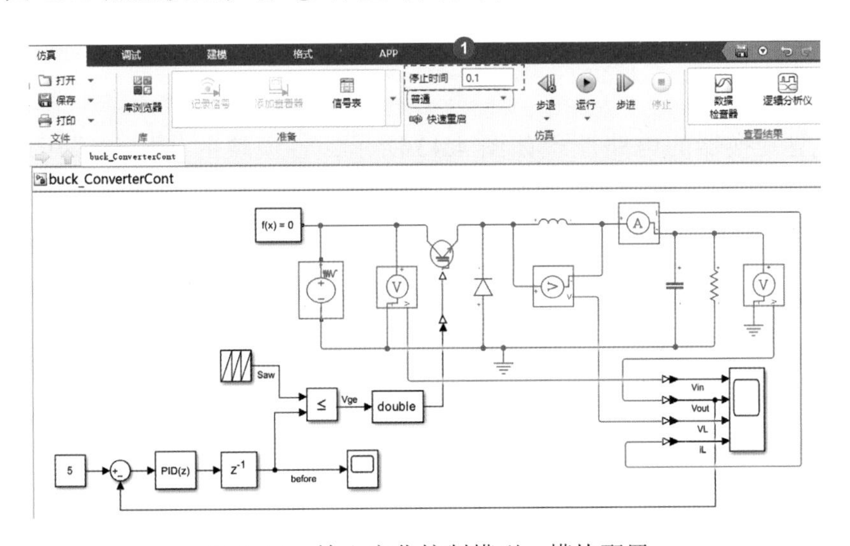

图 4.41 输入变化控制模型：模块配置

仿真结果如图 4.42 所示。第 1 行波形显示输入电压逐渐降低。轨迹选择切换为 ❶ Vout，观察 ❷ 输出电压值：尽管输入电压变化，但输出电压仍然维持在 5V 左右，这是因为占空比是由控制模型（PID）根据 V_{out} 输出电压来调节的。

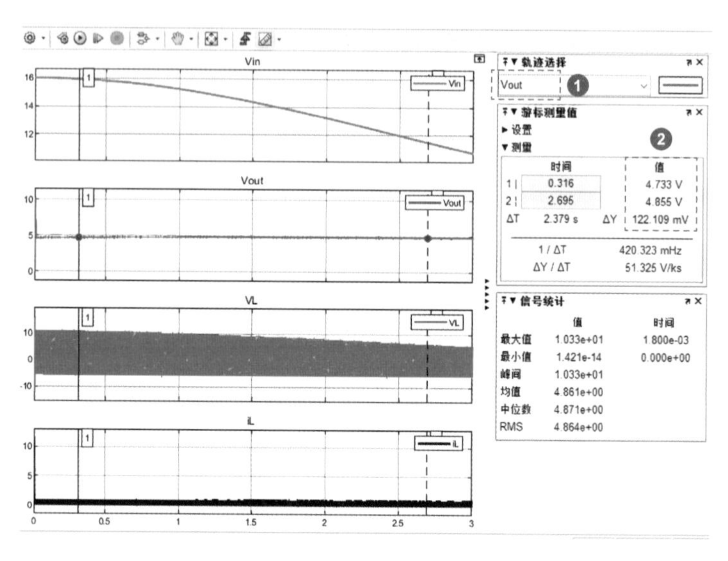

图 4.42 输入变化控制模型：仿真结果

4.4 升压型变换器

升压型变换器又称 Boost 变换器，可以获得高于输入电压的输出电压，与降压转换器一样，通过调节 PWM 信号以获得输出所需的电压。

升压型变换器工作原理

升压型变换器的电路原理如图 4.43 所示，各模块的作用与降压型变换器相同。

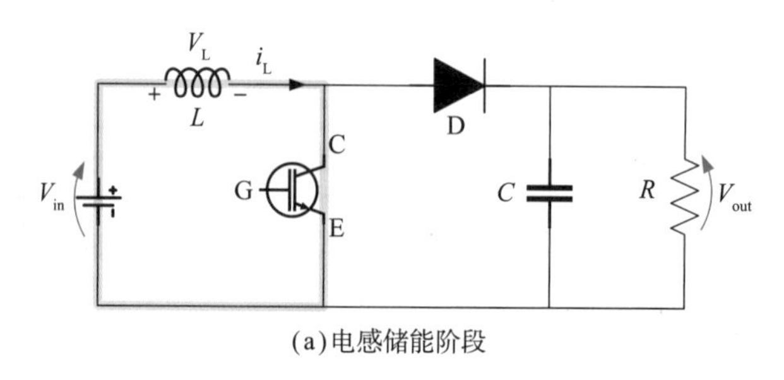

(a) 电感储能阶段

图 4.43 升压型变换器电路

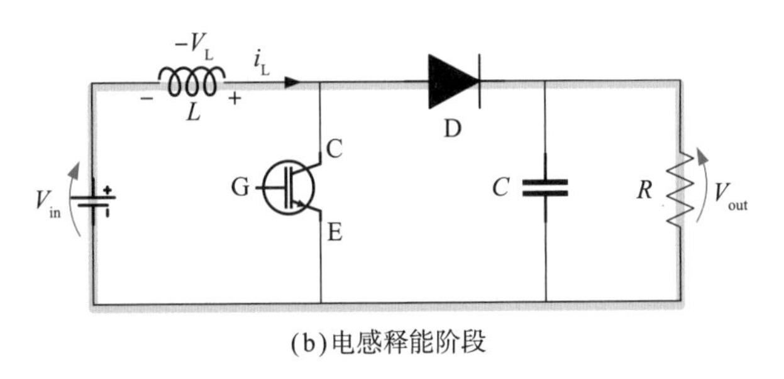

(b)电感释能阶段

续图 4.43

IGBT 导通时，$T_{on}=DT$，电感 L 储能，二极管截止，如图 4.43 所示。闭合回路电压方程如下：

$$V_{in}-V_L=0$$
$$V_L=V_{in}$$

根据式（4.7）和式（4.8），有

$$L\frac{d}{dt}i_L=V_{in}$$
$$\frac{d}{dt}i_L=\frac{V_{in}}{L} \tag{4.11}$$
$$V_{in}>0$$
$$\frac{d}{dt}i_L>0$$

此时电压和电感大小固定，i_L 斜率为正，电流线性增大。

IGBT 截止时，$T_{off}=T-DT$，电感释能，即 V_{in} 连同电感一起向负载和电容供电，二极管导通。电感电能叠加在电源正端，此时 V_{out} 电压高于输入电压 V_{in}。电感放电，电容充电，电流逐渐减小。闭合回路电压方程如下：

$$V_{in}-V_L-V_{out}=0$$
$$V_L=V_{in}-V_{out}$$

根据式（4.7）和式（4.8），有

$$L\frac{d}{dt}i_L=V_{in}-V_{out}$$
$$\frac{d}{dt}i_L=\frac{V_{in}-V_{out}}{L} \tag{4.12}$$
$$\frac{d}{dt}i_L<0$$
$$V_{in}<V_{out}$$

此时 i_L 斜率为负，电流线性减小，最终稳态的时候 $V_{in}<V_{out}$。

虽然斜率为负，但是 i_L 的值为正。要注意，二极管中的电流方向与 i_L 相同。

据此，电感电压 V_L 和电流 i_L 的关系如图 4.44 所示。式（4.11）和式（4.12）分别对应图 4.44 的电感电流的斜率。

根据伏秒平衡原理，输入输出电压的关系如下：

$$
\begin{aligned}
&DT\frac{V_{in}}{L}+(T-DT)\frac{V_{in}-V_{out}}{L}=0\\
&DV_{in}+V_{in}-V_{out}-DV_{in}+DV_{out}=0\\
&V_{in}-V_{out}+DV_{out}=0\\
&V_{out}(1-D)=V_{in}\\
&V_{out}=\frac{V_{in}}{1-D}
\end{aligned}
\tag{4.13}
$$

由于 $0<D<1$，所以 $V_{in}<V_{out}$。

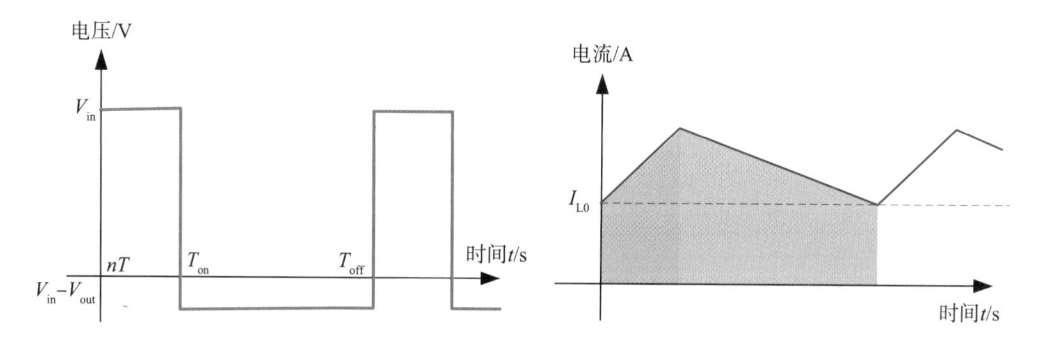

图 4.44　电感电压 V_L 与电流 i_L

升压型变换器模型设计

模块、参数和降压型变换器模型相同。将 buckConverte.slx 另存为 boostConverte.slx，按照图 4.45 配置模块。

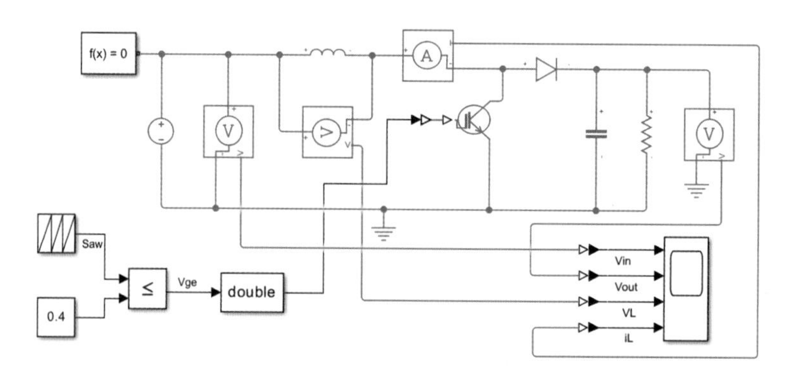

图 4.45　升压型变换器模型：模块配置

设定占空比 $D=0.4$，停上时间为 0.1s，仿真结果如图 4.46 所示。

$$V_{out}=\frac{V_{in}}{1-D}=12/(1-0.4)=20(\mathrm{V})$$

实际 $V_{out}=18.21\mathrm{V}$，这是因为各个模块都有内阻。如果要实际获得 20V 电压，则必须设计控制模型，并按照第 4.3 节所述设定目标值。

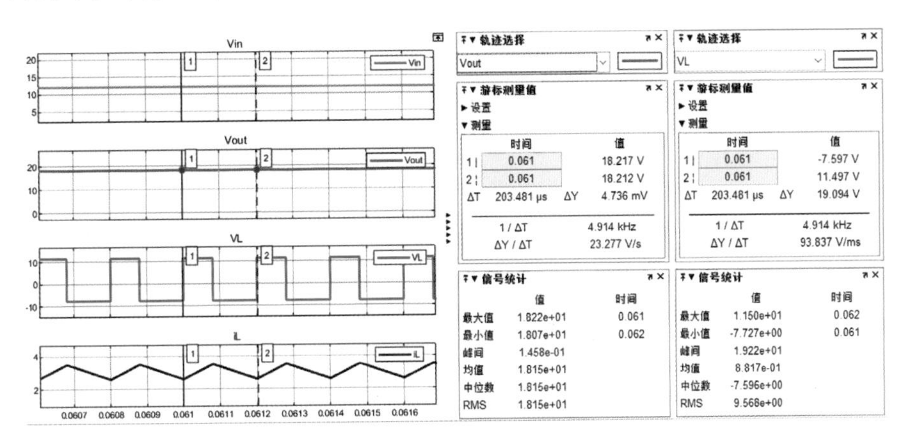

图 4.46 升压型变换器模型：仿真结果 V_{out} 和 V_L

4.5 降压－升压型变换器

降压－升压型变换器又称 Buck–Boost 变换器，是一种常用的 DC–DC 变换电路。其输出电压既可低于输入电压，也可高于输入电压，但输出电压的极性与输入电压相反。

降压－升压型变换器的工作原理

降压－升压型变换器的电路原理如图 4.47 所示，各个模块的作用与降压型变换器相同，基本上也是利用电感的充放电功能。

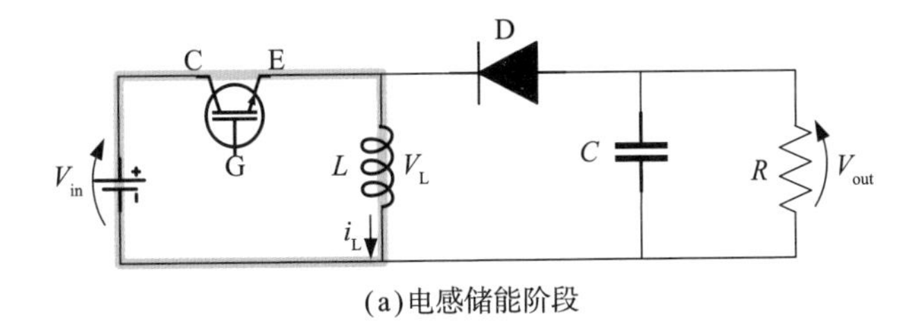

(a)电感储能阶段

图 4.47 降压－升压型变换器的工作原理

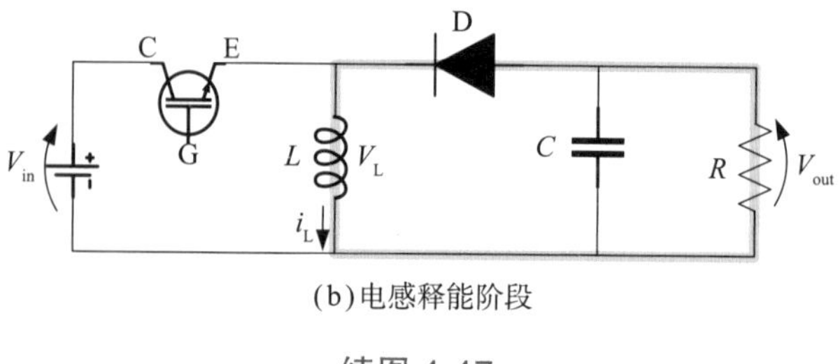

(b) 电感释能阶段

续图 4.47

IGBT 导通期间，$T_{on}=DT$，二极管截止，电感储能，闭合回路电压方程如下：

$$V_{in}-V_L=0$$
$$V_L=V_{in}$$

根据式（4.7）和式（4.8），有

$$
\begin{aligned}
& L\frac{d}{dt}i_L=V_{in} \\
& \frac{d}{dt}i_L=\frac{V_{in}}{L} \\
& V_{in}>0 \\
& \frac{d}{dt}i_L>0
\end{aligned}
\tag{4.14}
$$

电流 i_L 的斜率为正。

IGBT 截止期间，$T_{off}=T-DT$，二极管导通，电感释能，闭合回路电压方程如下：

$$-V_L+V_{out}=0$$
$$V_L=V_{out}$$

根据式（4.7）和式（4.8），有

$$L\frac{d}{dt}i_L=V_{out}$$
$$\frac{d}{dt}i_L=\frac{V_{out}}{L}$$
$$V_{out}<0 \tag{4.15}$$
$$\frac{d}{dt}i_L<0 \tag{4.16}$$

电流 i_L 的斜率为负，然而 $i_L>0$，二极管的电流流向与 i_L 相同。据此，电感电压 V_L 与电流 i_L 的关系如图 4.48 所示，式（4.14）和式（4.16）与图 4.48 中电感电流的斜率相对应。

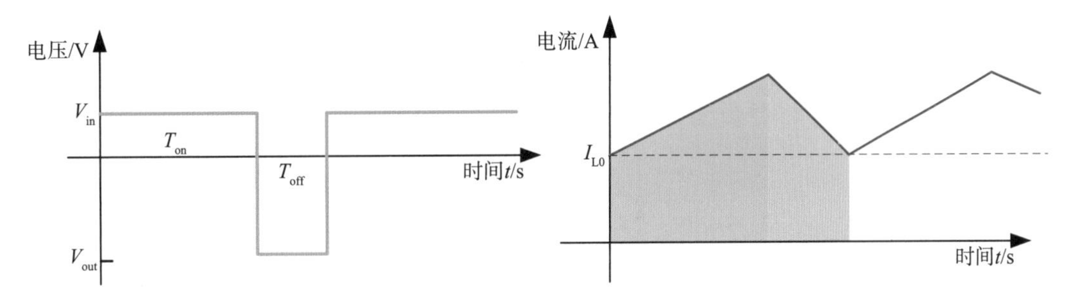

图 4.48 电感电压 V_L 和电感电流 i_L

根据伏秒平衡原理，输入输出电压的关系如下：

$$\begin{aligned}
&DT\frac{V_{in}}{L}+(T-DT)\frac{V_{out}}{L}=0\\
&DV_{in}+V_{out}-DV_{out}=0\\
&DV_{in}+(1-D)V_{out}=0\\
&V_{out}=-\frac{DV_{in}}{1-D}
\end{aligned} \tag{4.17}$$

由于 $0<D<1$，所以 $V_{out}<0$。

$$\begin{aligned}
&DT\cdot V_{in}+(T-DT)\cdot V_{out}=0\\
&T_{on}\cdot V_{in}+T_{off}\cdot V_{out}=0\\
&T_{off}V_{out}=-T_{on}V_{in}\\
&\frac{V_{out}}{V_{in}}=-\frac{T_{on}}{T_{off}}
\end{aligned}$$

由上式可知，占空比大于 50% 时变换器在升压模式下工作，小于 50% 时变换器在降压模式下工作。

模型设计与仿真

模块、参数和升压型变换器模型相同。将 BoostConverte.slx 另存为 buckBoost_Converte.slx，按照图 4.49 配置模块。

设定占空比 $D=0.7$，停止时间为 0.1s，仿真结果如图 4.50 所示。

理论电压输出值 $V_{out}=-\frac{DV_{in}}{1-D}=-0.7\times12/(1-0.7)=-28(\text{V})$，实际测得 $V_{out}=-23.9\text{V}$。这是因为每个模块都有内阻，并产生压降。实际要得到 −28V 就要结合控制模型，按照 5.3 节所述设定目标值。

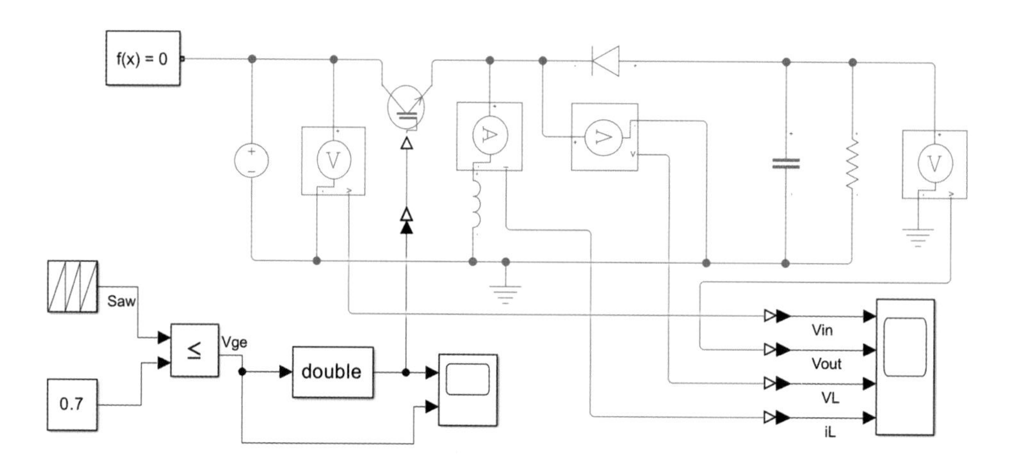

图 4.49 降压 - 升压型变换器模型：模块配置

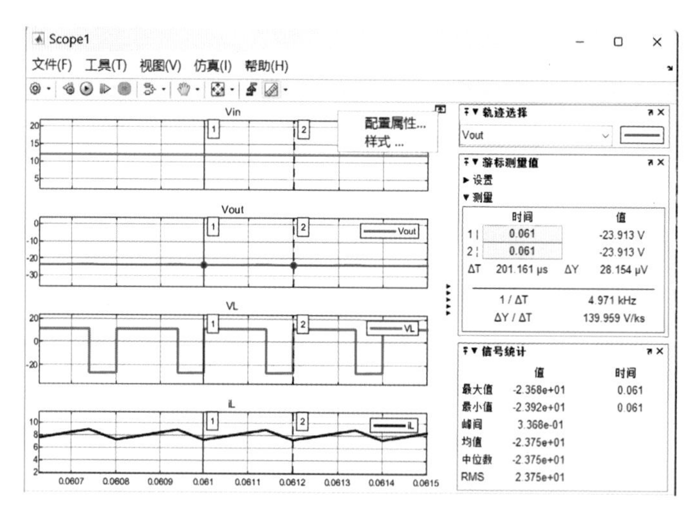

图 4.50 降压 - 升压型变换器模型：仿真结果

总结来说，DC-DC 变换器的三种类型见表 4.8。注意，降压 - 升压型变换器的输出是负电压。

表 4.8 本章设计的 DC-DC 变换器的比较

种 类	目 的		输 出
降压型变换器	降 压	$V_{out} < V_{in}$	$+V_{out}$
升压型变换器	升 压	$V_{in} < V_{out}$	$+V_{out}$
降压升压型变换器	升降压	$V_{out} < V_{in} < V_{out}$	$-V_{out}$

第5章
三相交流变换器和逆变器的模型设计

本章将介绍 AC-DC 变换器和 DC-AC 逆变器的 Simscape 模型设计。

5.1 半波整流器与全波整流器

很多电气设备是将电源的220V交流转换为几十伏直流后再给设备供电的，因此将工频的交流电（AC）转换为直流电（DC）十分重要。

交流电源

第1步：模型设计

这里设计由交流电源和电阻组成的简单模型，使用表 5.1 所列的模块，按照图 5.1 进行配置，也可以基于本书提供的预制模型 acSourcePre.slx 进行配置，连接模块和修改参数即可，如图 5.2 所示。

表 5.1　交流电源和电阻模型所用的模块

类　别	模块名称	模块的含义	数　量
Commonly Used Blocks	Scope	示波器	1
Electrical Sensors	Voltage Sensor	电压表	1
Electrical Sensors	Current Sensor	电流表	1
Electrical Elements	Diode	二极管	1
Electrical Sources	AC Voltage Sources	交流电源	1
Electrical Elements	Resistor	电　阻	1
Electrical Elements	Electrical Reference	电气接地	1
Utilities	Solver Configuration	求解器配置	1
Utilities	PS-Simulink Converter	PS 转换器	2

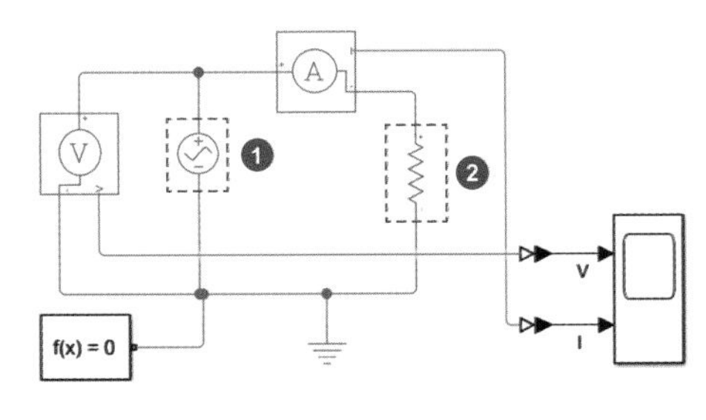

图 5.1　交流电源和电阻模型：模块配置

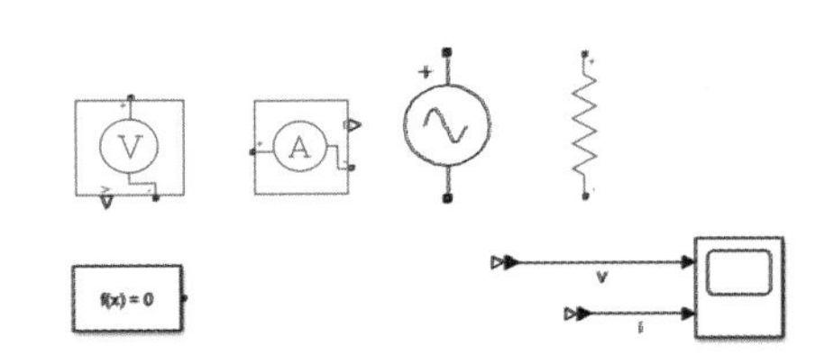

图 5.2　交流电源和电阻模型：预制模型

· 交流电源：参数设定如图 5.3 所示。Peak amplitude 设为 12V，Phase shift 设为 0deg，Frequency 设为 50Hz。

· 电阻：Resistance 设为 100Ω。

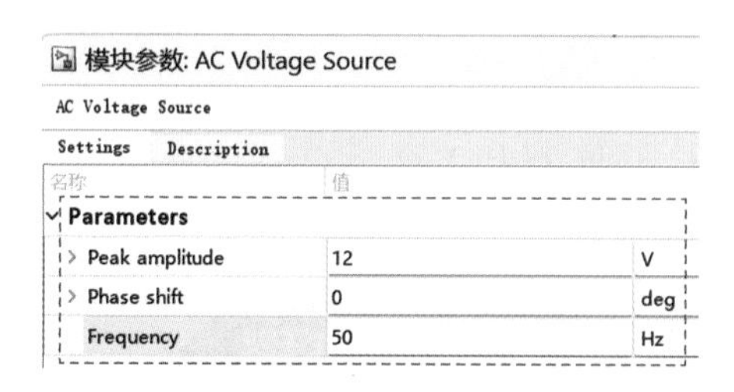

图 5.3 交流电源和电阻模型：交流电源模块的参数设定

第 2 步：确认仿真结果

停止时间设为 0.05s，0.05s × 50Hz = 2.5 周。仿真结果如图 5.4 所示。电压 v（V）和电流 i（A）在 2.5 个周期内变化，可用三角函数表示为

$$v(t)=12\sin(t)$$
$$i(t)=0.12\sin(t)$$

此外，为了表示方便，只要不引起混乱，随时间 t 变化的电压和电流通常用小写字母 v 和 i 表示。

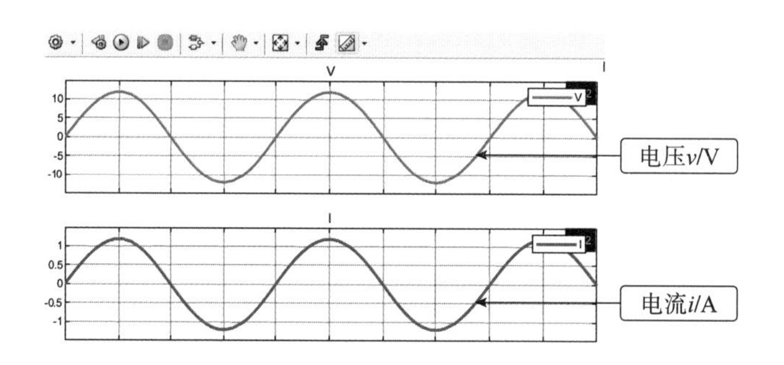

图 5.4 交流电源和电阻模型：仿真结果

半波整流器

第 1 步：模型设计

所用模块见表 5.2，在预制模型 halfRectifierPre.slx 的基础上，按照图 5.5 进行连线。交流电源模块的参数设定与图 5.3 相同。注意 ❶ 二极管方向，指定 ❷ 停止时间为 0.05 并运行。

表 5.2　半波整流器模型所用的模块

类　别	模块名称	模块的含义	数　量
Commonly Used Blocks	Scope	示波器	1
Electrical Sensors	Voltage Sensor	电压表	1
Electrical Sensors	Current Sensor	电流表	1
Electrical Sensors	AC Voltage Sources	交流电源	1
Electrical Elements	Resistor	电　阻	1
Electrical Elements	Electrical Reference	电气接地	1
Utilities	Solver Configuration	求解器配置	1
Utilities	PS-Simulink Converter	PS 转换器	2

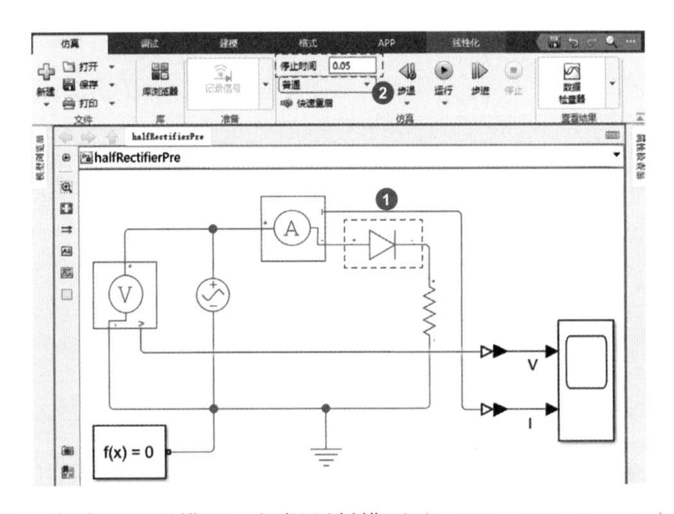

图 5.5　半波整流器模型：根据预制模型（halfRectifierPre.slx）连线

第 2 步：确认仿真结果

仿真结果如图 5.6 所示。

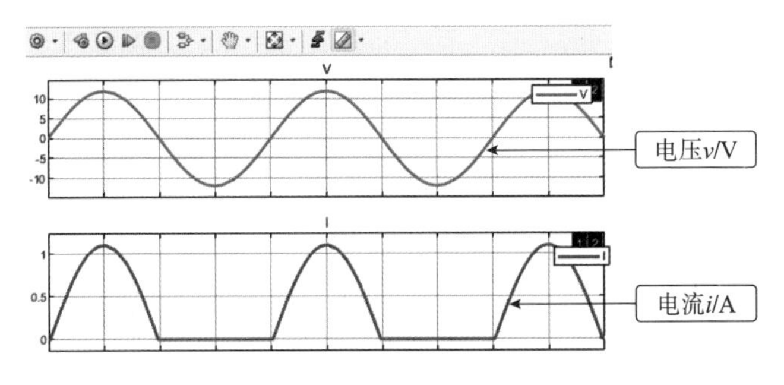

图 5.6　半波整流器模型：仿真结果

在输入电压的正半波期间，二极管导通，电流从正极流向负极；在输入电压的负半波期间，二极管截止，没有电流流过二极管。由于一个周期内只有半个周期输出电流，故称“半波整流”。

全波整流器

为了从交流电压全周期获得直流电压，在半波整流器的基础上进行全波整流器（full rectifier）的模型设计。

第 1 步：模型设计

所用模块见表 5.3，在预制模型 fullRectifierPre.slx 基础上，按照图 5.7 连线。

表 5.3　全波整流器模型所用的模块

类　别	模块名称	模块的含义	数　量
Commonly Used Blocks	Scope	示波器	1
Signal Routing	Goto	输　出	3
Signal Routing	From	输　入	3
Electrical Sensors	Voltage Sensor	电压表	1
Electrical Sensors	Current Sensor	电流表	2
Electrical Sensors	AC Voltage Sources	交流电源	1
Electrical Elements	Diode	二极管	4
Electrical Elements	Resistor	电　阻	1
Electrical Elements	Electrical Reference	电气接地	1
Utilities	Solver Configuration	求解器配置	1
Utilities	PS-Simulink Converter	PS 转换器	2

图 5.7 涉及 ❶Goto 模块和 ❷From 模块两种新模块，目的是看清复杂的连

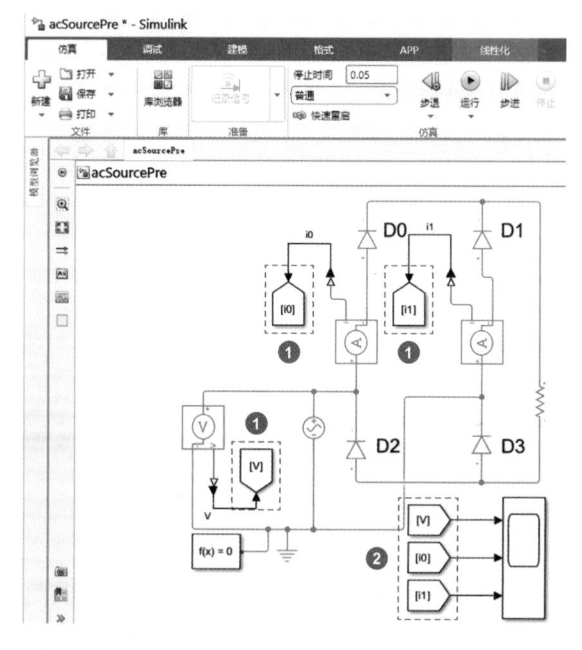

图 5.7　全波整流器模型：根据预制模型（fullRectifierPre.slx）连线

线。Goto 模块和 From 模块配对使用，配线连接 Goto 模块，传递给远处的 From 模块。同一种模块要使用相同的名称，参数设定如图 5.8 所示。

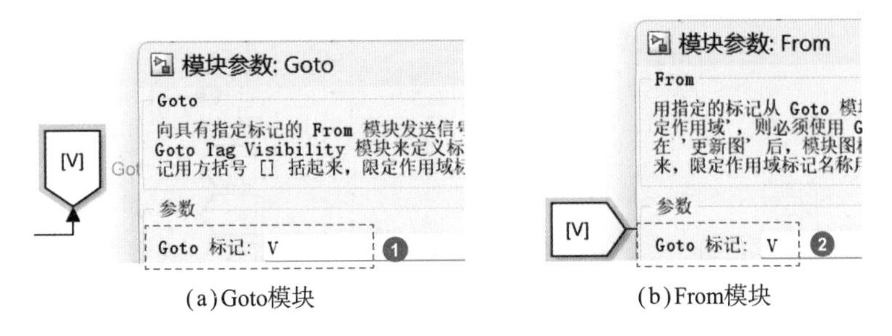

(a)Goto模块 (b)From模块

图 5.8 全波整流器模型：Goto、From 模块的参数设定

交流电源模块的参数设定如图 5.3 所示，确认图 5.7 的❷Scope 连接信号的顺序，设定停止时间为 0.05s 并运行。

第 2 步：确认仿真结果

仿真结果如图 5.9 所示，全波整流得到了两个半波的电流。

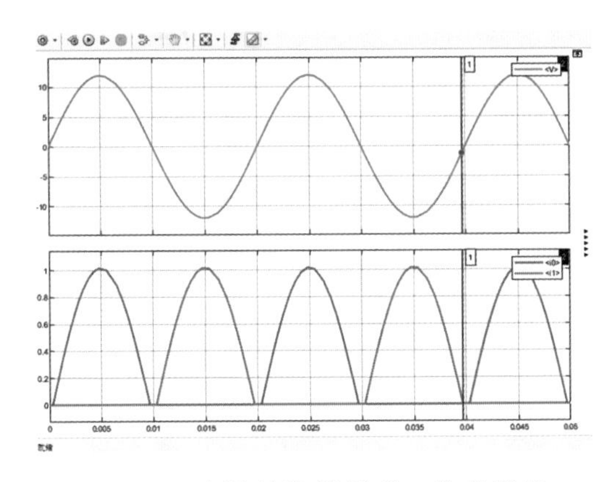

图 5.9 全波整流器模型：仿真结果

电流呈两个半波，但在一定时间内仍存在电流为 0 的情况，这是由于驱动二极管需要满足门槛电压，在不满足门槛电压的区间内电流就为 0。

增加表 5.4 的模块，按照图 5.10 连线，运行后可观察到图 5.11 所示曲线，可进一步了解电压和电流的变化曲线。

表 5.4 全波整流器模型中增加的模块

类 别	模块名称	模块的含义	数 量
Electrical Sensors	Voltage Sensor	电压表	2
Electrical Sensors	Current Sensor	电流表	1
Electrical Elements	Electrical Reference	电气接地	2
Utilities	PS-Simulink Converter	PS 转换器	3

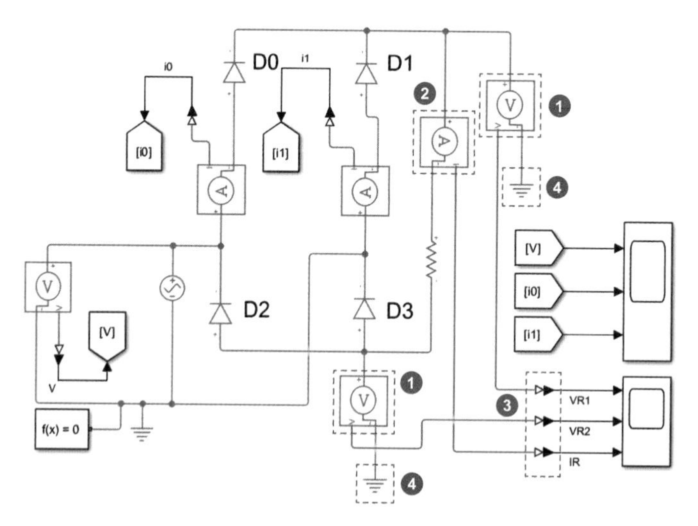

图 5.10 全波整流器模型：增加模块

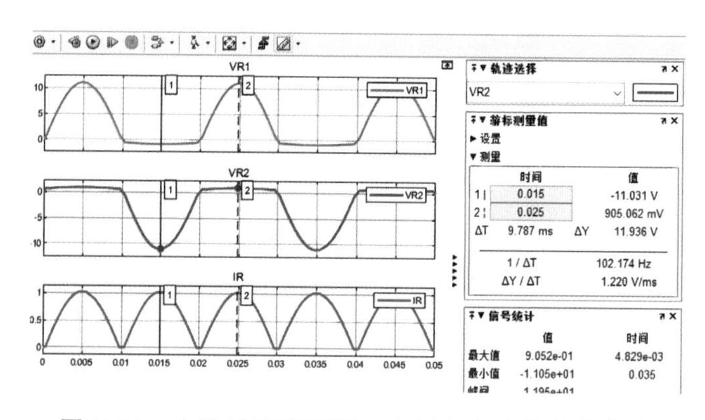

图 5.11 全波整流器模型：电压和电流的变化曲线

全波整流器的改良

全波整流能够在输入电压的一个周期中得到双波电压。要注意的是，该模型中流过电阻（负载）的电流是单向的。

与半波整流相比，全波整流的输出电压波形更接近直流，但还不够完美，接下来在模型中加入电容，让输出电压波形更平滑。

所用模块见表 5.5，在预制模型 fullRectifierPlusCPre.slx 的基础上，按照图 5.12 进行连线。这一次，要注意比较输入电压与流过电阻（负载）的电流和电压曲线。

图 5.12 的交流电源模块的参数设定如图 5.3 所示（12V，0deg，50Hz）。此外，设定 ❶ 电容参数为 4e-3，❷ 停止时间为 0.05 并运行。

表 5.5 全波整流器改良模型所用的模块

类 别	模块名称	模块的含义	数 量
Commonly Used Blocks	Scope	示波器	1
Signal Routing	Goto	输 出	3
Signal Routing	From	输 入	3
Electrical Sensors	Voltage Sensor	电压表	2
Electrical Sensors	Current Sensor	电流表	1
Electrical Sensors	AC Voltage Sources	交流电源	1
Electrical Elements	Diode	二极管	4
Electrical Elements	Resistor	电 阻	1
Electrical Elements	Electrical Reference	电气接地	1
Utilities	Solver Configuration	求解器配置	1
Utilities	PS-Simulink Converter	PS 转换器	2

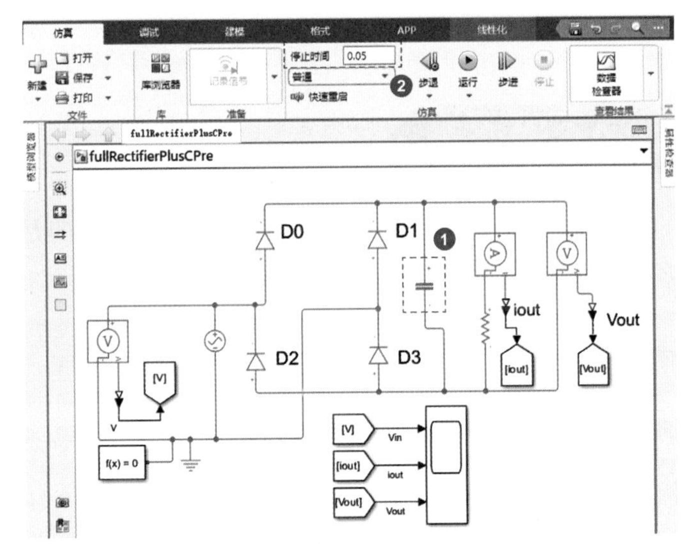

图 5.12 全波整流器改良模型：根据预制模型（fullRectifierPlusCPre.slx）连线

仿真结果如图 5.13 所示，经过电容滤波，输出电流和电压的波形十分接近直流。

将❶“轨迹选择”切换为 Vout，会发现❷最高输出电压不足 12V。实际电路的效率会降低，但可以确认输出波形平滑了。

这里的平滑是使用电容完成的，在下一节，我们将展示一种无电容也能实现平滑的方法。

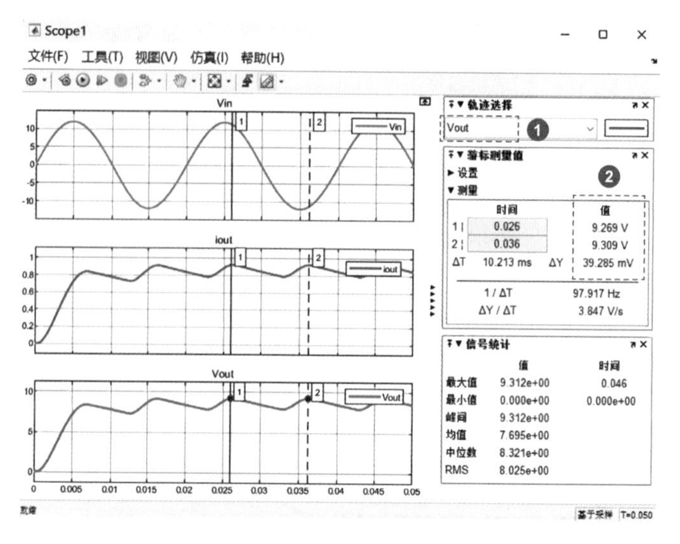

图 5.13　全波整流器改良模型：仿真结果

5.2　DC-AC逆变器

电动汽车的电池是直流电源，而最终施加在动力电机上的是三相交流电，就是 DC-AC 逆变器的功劳。

DC-AC原理

如图 5.14 所示，直流输入电压 V_{in} 通过 Q_1 ~ Q_4 四个组合开关，向负载（电阻）输出电流 $i_{out}(t)$。

使用数学的序列和组合，从 n 个要素中选择 k 个要素相组合，用二项式系数表示为

$$C_k^n = \binom{n}{k} = \frac{n!}{k!(n-k)!}$$

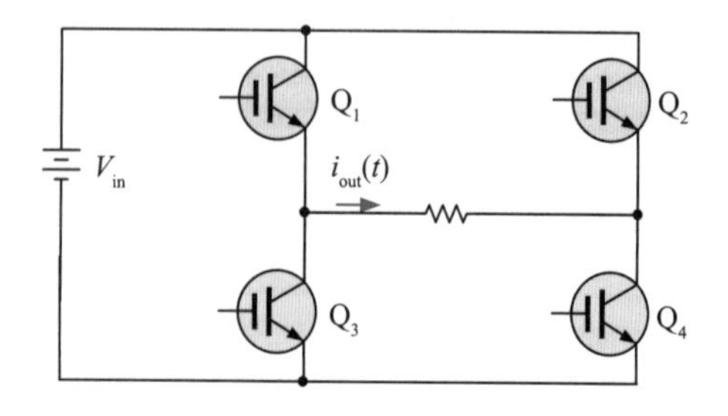

图 5.14　逆变器电路和开关模块的配置

所以 $Q_1 \sim Q_4$ 中，同时两管导通的组合共有 6 种：

$$C_2^4 = \binom{4}{2} = \frac{4!}{2!(4-2)!} = \frac{4\times3\times2\times1}{2\times1\times2\times1} = 6$$

但是 $Q_1 \sim Q_4$ 四管同时导通会造成短路，所以电路成立的有效开关组合只有 4 种，如图 5.15 所示。

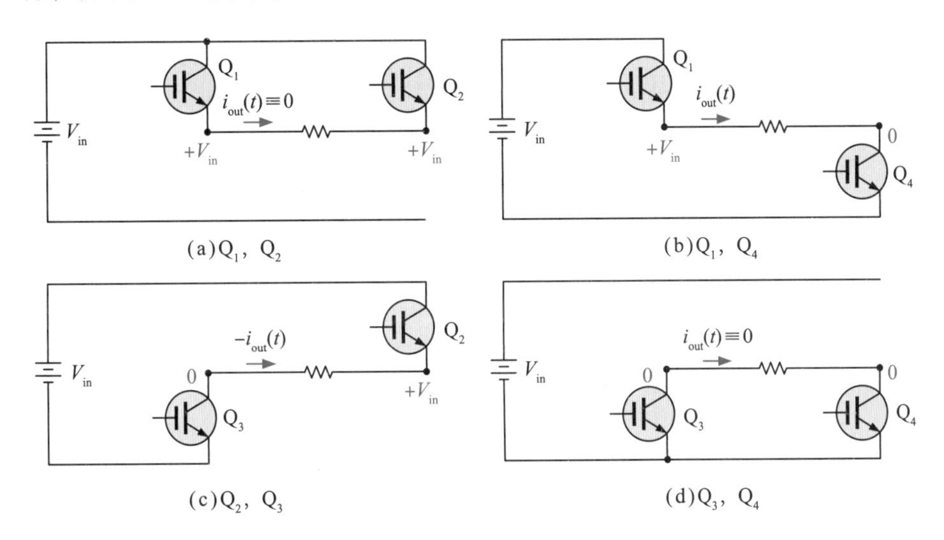

图 5.15　逆变器电路的 4 种开关模式

负载中的电流以从左到右为正向。

（1）Q_1、Q_2 导通：$i_{out}(t)=0$，IGBT 为导通时可以视为导线，负载两端电压都是 $+V_{in}$，没有电压差，所以没有电流。

（2）Q_1、Q_4 导通：$i_{out}(t)=+V_{in}/R$，负载的左侧电压是 $+V_{in}$，右侧电压是 0，电流方向为从左向右。

（3）Q_2、Q_3 导通：$i_{out}(t)=-V_{in}/R$，负载的左侧电压是 0，右侧电压是 $+V_{in}$，电流方向为从右向左。注意，图中电流符号为负。

（4）Q_3、Q_4 导通：$i_{out}(t)=0$，负载两端电压都为 0，没有电压差，所以没有电流。

注意，图 5.15 所示电路为理想电路，没有考虑感性负载，也没有考虑电流变化、IGBT 体二极管和续流问题。

4 种开关时序如图 5.16 所示。输出电压是三值（$+V_{in}$，0，$-V_{in}$）波形，如图 5.16 最上方的紫色方波所示，还不是红色那样的理想正弦波。就相电压波形而言，与二值方波相比，三值方波更接近正弦波。

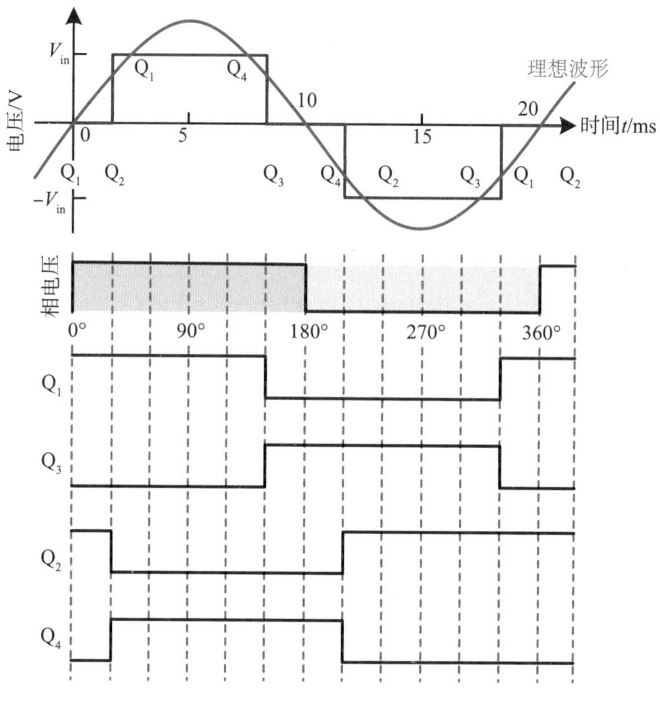

图 5.16　逆变器电路 4 种开关模式的时序

单相逆变器

下面设计一个模型，通过 4 个 IGBT 的开关，得到图 5.16 的结果。周期设为 20ms，即频率 50Hz，输入电压 $V_{in}=12V$。

第 1 步：开关信号模型设计

用脉冲发生器 Pulse Generator 模块和 Transport Delay 模块来产生方波信号。

创建空白画布，保存为 invtest.slx。所用模块见表 5.6，按照图 5.17 设计模型，❶、❷、❸ 处按照图 5.18 设定参数。其中 ❶ 和 ❸ 设定为延迟 330°，即延迟 330/360/50 s。

表 5.6　开关信号模型所用的模块

类　别	模块名称	模块的含义	数　量
Commonly Used Blocks	Scope	示波器	1
Commonly Used Block	Constant	常　量	1
Continuous	Transport Delay	延　迟	1
Logic and Bit Operations	Relational Operator	比较器	1
Sources	Repeating Sequence	重复序列	1
Sources	Pulse Generator	脉冲发生器	1

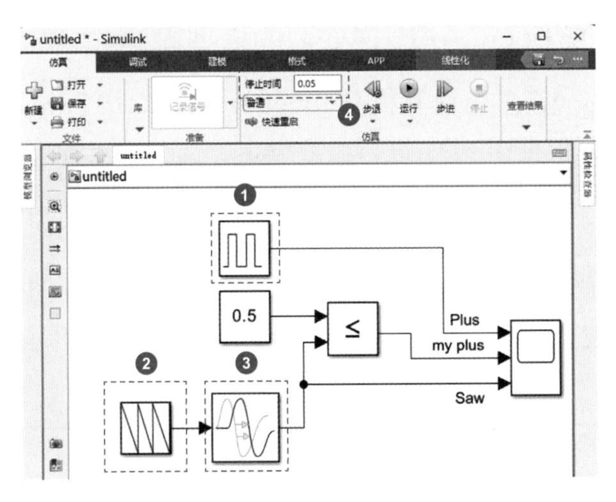

图 5.17　开关信号模型：模块配置和连线

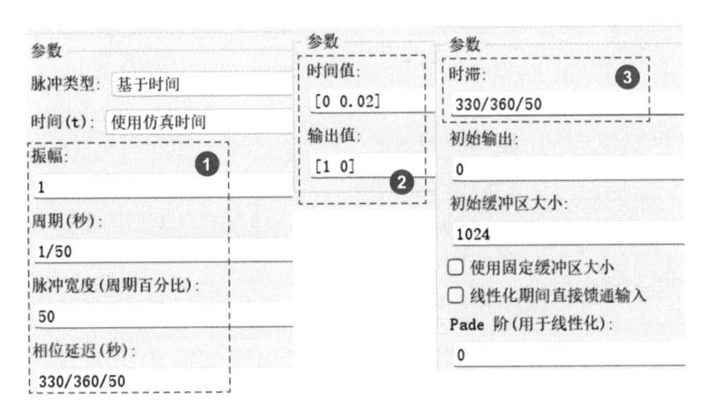

图 5.18　开关信号模型：模块参数设定

仿真结果如图 5.19 所示。可见，锯齿波经过延迟，比较器输出的信号，与通过脉冲发生器获得的信号是一样的。

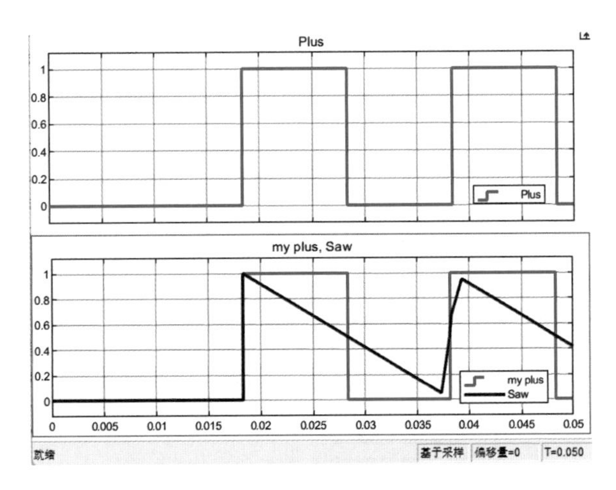

图 5.19　开关信号模型：仿真结果

第 2 步：单相 DC-AC 逆变器的模型设计

所用模块见表 5.7，在预制模型 inverterSingleIGBTPre.slx 的基础上，按照图 5.20 连线，并根据图 5.21 进行参数设定，部分要点如下。

- Q_1 相位延迟：-30° 。1 周期为 50Hz = 1/50s，延迟时间为 -30/360/50 s。
- Q_2 相位延迟：-150° 。1 周期为 50Hz = 1/50s，延迟时间为 -150/360/50 s。
- 信号的取反：在 Logical Operator 模块的运算符下拉菜单中选择 NOT，

表 5.7　单相逆变器模型所用的模块

类　别	模块名称	模块的含义	数　量
Signal Routing	Goto	输　出	1
Signal Routing	From	输　入	1
Commonly Used Block	Data Type Conversion	数据类型转换	2
Commonly Used Block	Scope	示波器	1
Sources	Pulse Generator	脉冲发生器	2
Logic and Bit Operations	Logical Operator	逻辑运算符	2
Electrical Sensors	Voltage Sensor	电压表	1
Electrical Sensors	DC Voltage Sources	直流电源	1
Electrical Elements	Resistor	电阻	1
Electrical Elements	Electrical Reference	电气接地	1
Electrical	Semiconductors&Converters	IGBT	4
Utilities	Solver Configuration	求解器配置	1
Utilities	PS-Simulink Converter	PS 转换器	1
Utilities	Simulink-PS Converter	Simulink 转换器	4

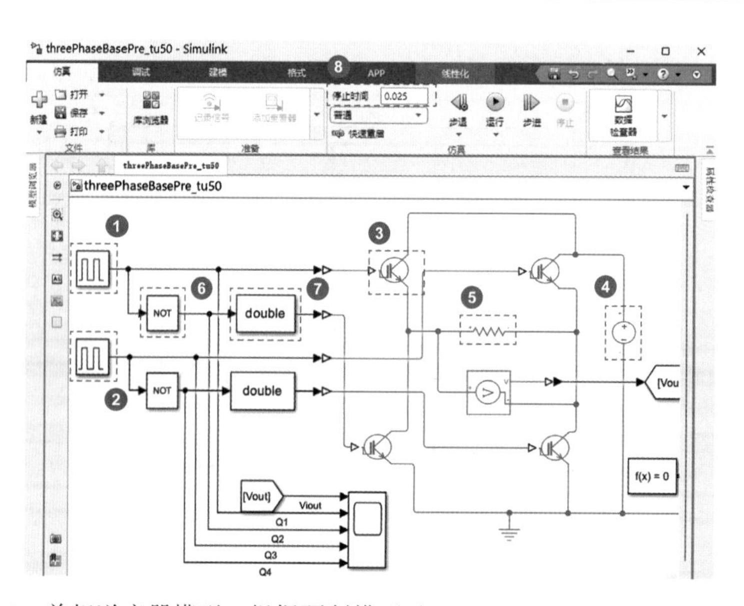

图 5.20　单相逆变器模型：根据预制模型（inverterSingleIGBTPre.slx）连线

将 Q_3 和 Q_4 连接 NOT 就可以实现 Q_1 与 Q_3、Q_2 与 Q_4 信号反相，这样便可避免 Q_1 与 Q_3、Q_2 与 Q_4 同时导通。这样相互反相的两个信号输出，在微控制器中通常是通过定时器互补通道实现的。

· Convert 模块：逻辑运算模块的输出是二进制值，需要通过类型转换变为实数。

· 停止时间：0.025s。1 周期为 1/50 Hz =0.02s，所以设停止时间为 0.025s。

仿真结果如图 5.22 所示，与图 5.16 一致。要注意的是，输入直流电压为 12V，得到的输出为 ±12V 交流电压。

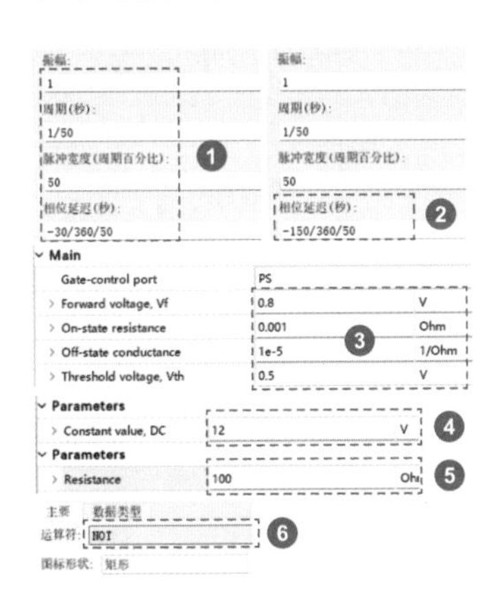

图 5.21　单相逆变器模型：模块参数设定

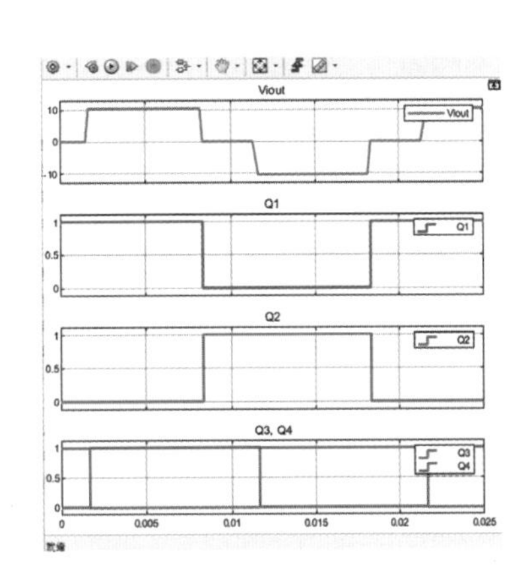

图 5.22　单相逆变器模型：仿真结果

三相逆变器

下面用 6 个 IGBT 设计一个三相交流逆变器模型，电路如图 5.23 所示。上管为 Q_1、Q_2、Q_3，下管为 Q_4、Q_5、Q_6。

6 个 IGBT 中的 3 个 IGBT 同时导通的开关组合有 20 种，见表 5.8。其中，

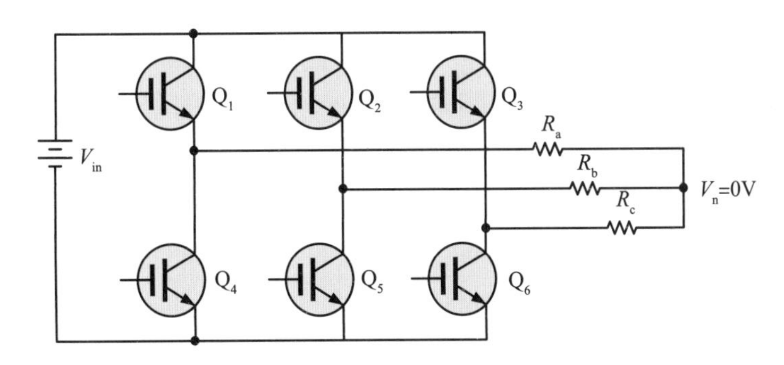

图 5.23　三相逆变器电路

带灰底的组合存在短路，如b组合 Q_1 和 Q_4 导通，发生短路；a和t组合，负载中没有电流。

$$C_3^6=\begin{pmatrix}6\\3\end{pmatrix}=\frac{6!}{3!(6-3)!}=\frac{6\times5\times4\times3\times2\times1}{3\times2\times1\times3\times2\times1}=5\times4=20$$

表5.8 三相交流逆变器中IGBT的开关模式

模 式	IGBT号码			模 式	IGBT号码		
a	1	2	3	k	2	3	4
b	1	2	4	l	2	3	5
c	1	2	5	m	2	3	6
d	1	2	6	n	2	4	5
e	1	3	4	o	2	4	6
f	1	3	5	p	2	5	6
g	1	3	6	q	3	4	5
h	1	4	5	r	3	4	6
i	1	4	6	s	3	5	6
j	1	5	6	t	4	5	6

20种组合中只有6种有效，以f组合为例，负载模式如图5.24所示。

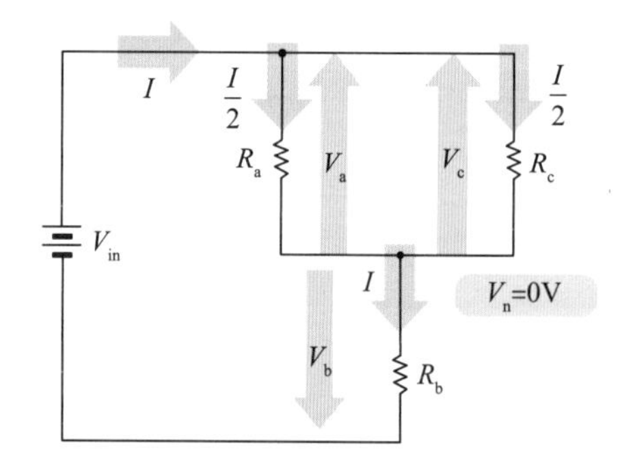

图5.24 三相逆变器原理示意图

设输入电压为 V_{in}，$R_a=R_b=R_c$，以中性点（V_n）为基准电位，则

$$R=\frac{1}{2}R_a+R_a=\frac{3}{2}R_a$$

$$I=\frac{V_{in}}{R}=\frac{V_{in}}{\frac{3R_a}{2}}=\frac{2V_{in}}{3R_a}$$

$$V_b=IR_a=\frac{2V_{in}}{3R_a}R_a=\frac{2}{3}V_{in}$$

$$V_a=V_c=V_{in}-V_b=\frac{1}{3}V_{in}$$

$V_b = V_n = 0$ 时，$V_b = -2/3V_{in}$。进一步，计算出表 5.8 中 IGBT 有效开关组合，见表 5.9。注意始终有 $V_a+V_b+V_c = 0$。

表 5.9 逆变器的 IGBT 开关组合与输出电压（$V_{in}/3$ 的倍数）对照

相位		60°	120°	180°	240°	300°	360°
输出电压	V_a	1	2	1	−1	−2	−1
	V_b	−2	−1	1	2	1	−1
	V_c	1	−1	−2	−1	1	2
	$V_a+V_b+V_c$	0	0	0	0	0	0
Q_1 状态		ON	ON	ON			
Q_2 状态				ON	ON	ON	
Q_3 状态		ON				ON	ON
Q_4 状态					ON	ON	ON
Q_5 状态		ON	ON				ON
Q_6 状态			ON	ON	ON		
IGBT 模式		f	j	d	o	k	q

三相交流输出电压的时序如图 5.25 所示，V_b 的相位比 V_a 滞后 120°，V_c 的相位比 V_a 滞后 240°，振幅为 $\pm 2V_{in}/3$，红色曲线为对应的理想波形。

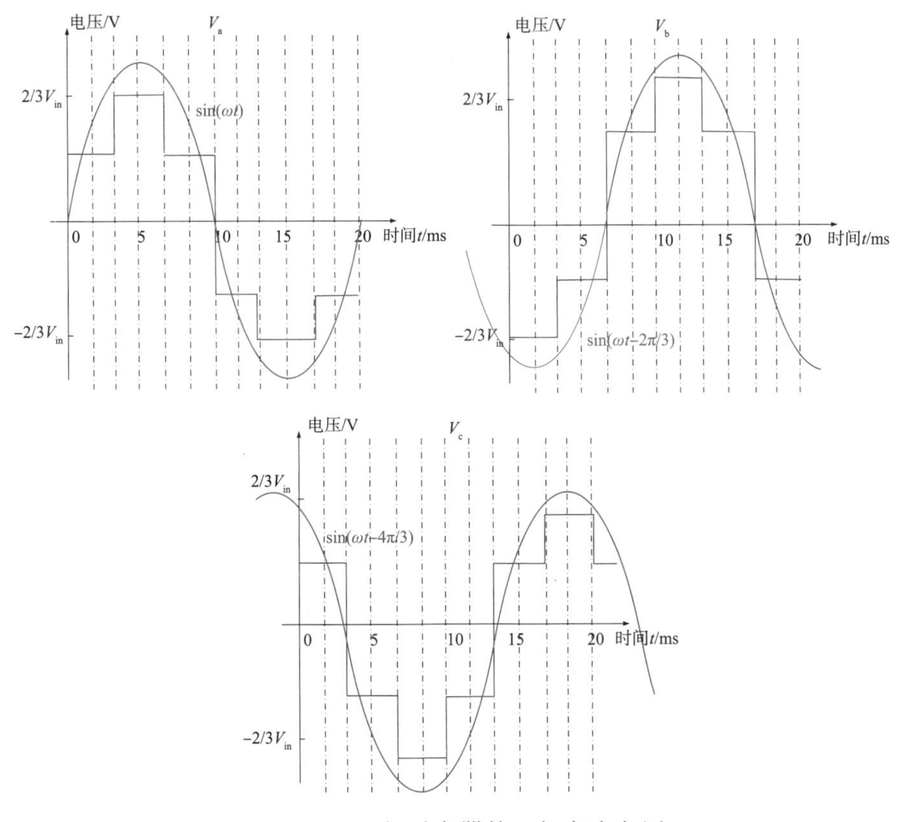

图 5.25 三相逆变器的三相交流电压

模型设计和仿真

我们已经看到，三相逆变器可以从直流电源获得三相交流电，而逆变器的正常工作需要对 IGBT 进行开关（ON/OFF）控制。

下面设计一个三相逆变器模型，所用模块见表 5.10，在预制模型 inverter6IGBTPre.slx 的基础上，按照图 5.26 连线。

表 5.10 三相逆变器模型所用的模块

类　别	模块名称	模块的含义	数　量
Signal Routing	Goto	输　出	3
Signal Routing	From	输　入	3
Commonly Used Block	Data Type Conversion	数据类型转换	3
Commonly Used Block	Scope	示波器	1
Sources	Pulse Generator	脉冲发生器	3
Logic and Bit Operations	Logical Operator	逻辑运算符	3
Electrical Sensors	Voltage Sensor	电压表	3
Electrical Sensors	DC Voltage Sources	直流电源	1
Electrical Elements	Resistor	电　阻	3
Electrical Elements	Electrical Reference	电气接地	1
Electrical	Semiconductors&Converters	IGBT	6
Utilities	Solver Configuration	求解器配置	1
Utilities	PS-Simulink Converter	PS 转换器	3
Utilities	Simulink-PS Converter	Simulink 转换器	6

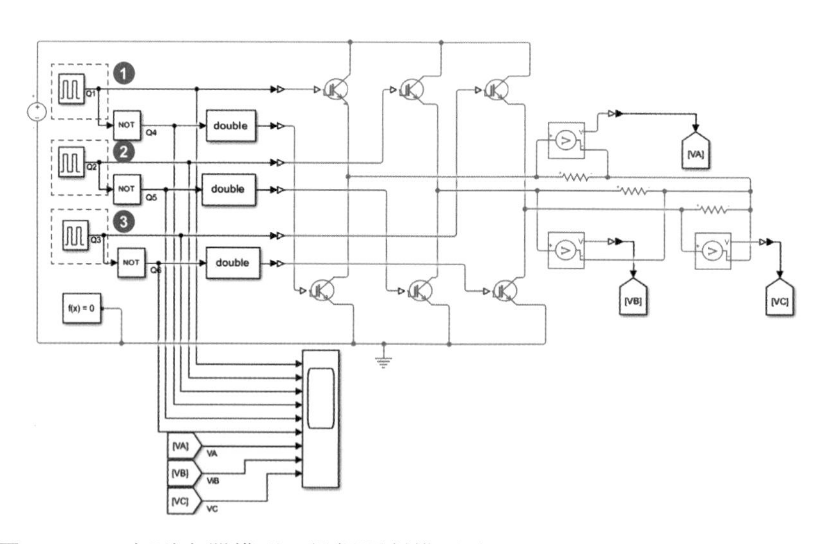

图 5.26 三相逆变器模型：根据预制模型（inverter6IGBTPre.slx）连线

除❶～❸以外，其他参数设定同图 5.21。6 个 Q_1 ～ Q_6 开关组合的时序如图 5.27 所示。

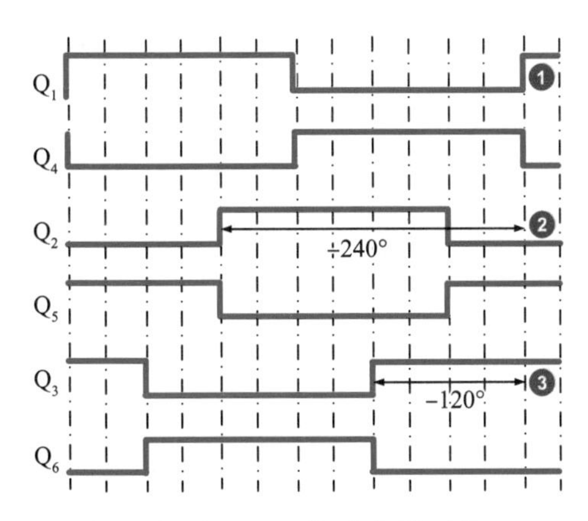

图 5.27 三相逆变器 IGBT 按时序排列的 ON/OFF 状态

Q_1 与 Q_4、Q_2 与 Q_5、Q_3 与 Q_6 在逻辑上属于相互取反的 NOT 关系（互补），所以设定 Q_1、Q_2、Q_3 的相位关系即可。以❶Q_1 为基准，则❷Q_2 的相位为 -240°，❸Q_3 的相位为 -120°，对应的相位延迟设定如图 5.28 所示。

图 5.28 三相逆变器模型：脉冲时间的参数设定

停止时间设定为 0.025s，仿真结果如图 5.29 所示，得到了预期的三相交流电压。

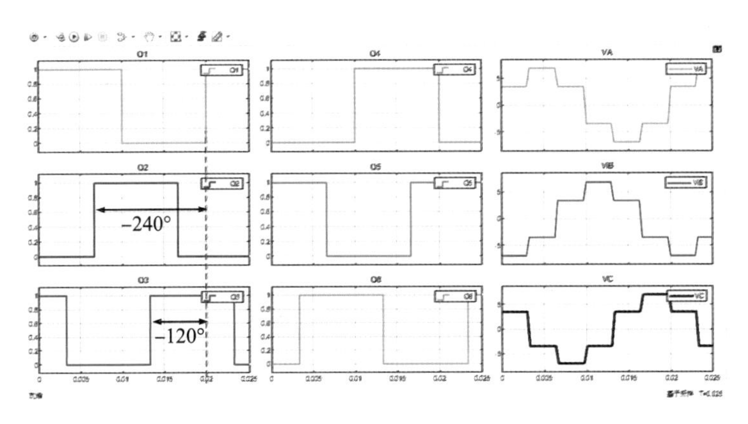

图 5.29 三相逆变器模型：仿真结果

第6章 直流无刷电机的控制模型设计

前面我们复习了基本的数学和电路知识，并进行了简单的模型设计。本章将尝试组合逆变器、变换器模型，实现无刷直流电机（brushless direct current motor，BLDC）驱动。

6.1 BLDC发电模型设计

电机大致可分为直流电机（DC motor）和交流电机（AC motor）。名为“无刷直流电机”，实际上如图 6.1 所示，BLDC 是一种三相交流永磁电动机，主要由永磁转子、带线圈的定子和位置传感器（选配）组成。

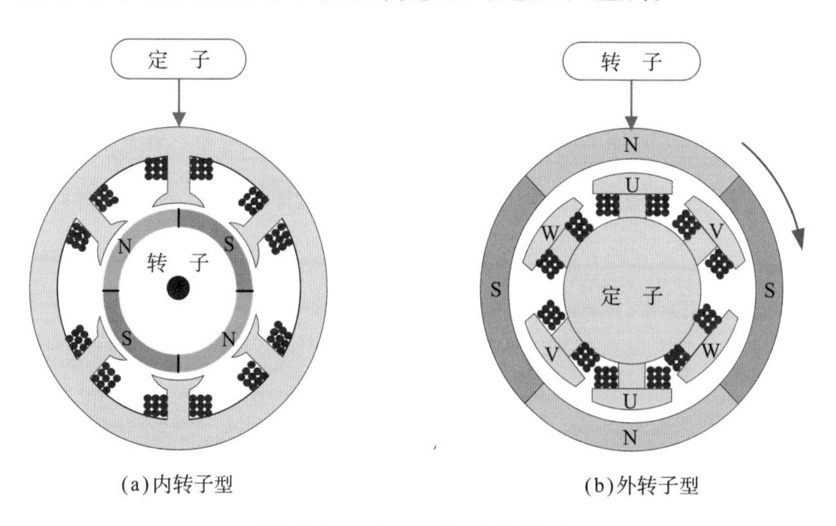

(a)内转子型 (b)外转子型

图 6.1 BLDC 的两种类型

BLDC 与有刷直流电机在结构上的区别如图 6.2 所示。

有刷直流电机的两条引线上流过的是电流方向固定的直流，通过电刷切换定子各相绕组电流的方向。

而 BLDC 的三相引线上流过的是电流方向变化的交流，要求控制器能根据转子位置，适时改变定子各相绕组电流的方向和大小。不使用传感器检测，而是根据电流和电压来估计转子位置的控制方式，被称为“无传感器控制”，简称“无感控制”。

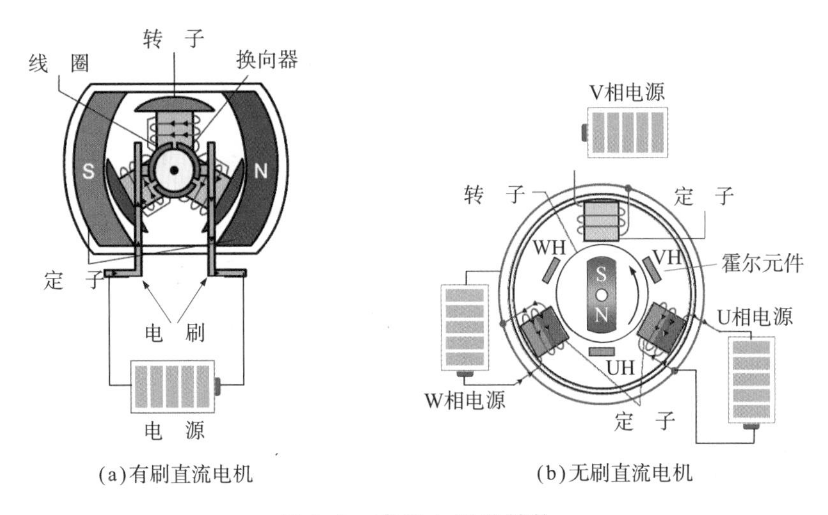

(a)有刷直流电机　(b)无刷直流电机

图 6.2　直流电机的结构

以电动汽车的动力电机控制为例，如图 6.3 所示。驱动模式下，电池电压先经 DC-DC 变换器升压至直流母线电压，再经 DC-AC 逆变器转换为电机驱动电压。制动模式下，电机作为发电机工作，生成的三相交流电压先经 AC-DC 变换器转换为直流电压，再经 DC-DC 变换器转换为电池充电电压。

本节着眼于展示 BLDC 旋转时产生的反电动势，设计 BLDC 发电模型。

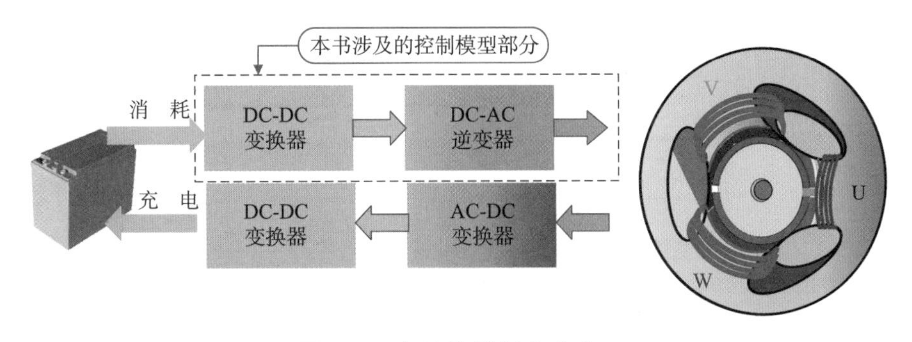

图 6.3　电池的消耗和充电

模型设计详情

双击 myMotorGenerator.slx，按图 6.4 进行模块配置。

❶ 电机：BLDC 模块。

按图 6.5 设定 BLDC 模块参数。

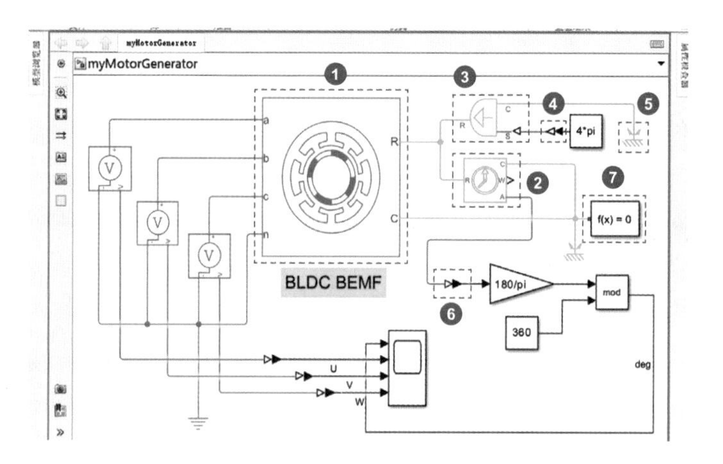

图 6.4 BLDC 发电模型：myMotorGenerator.slx 的打开画面

图 6.5 BLDC 发电模型：BLDC 的参数设定

- Electrical connection 选择“Expanded three-phase ports”。
- Back EMF profile 选 择“Perfect trapezoid-specify maximum rotor-induced back emf”。
- Maximum permanent magnet flux linkage 设为“1Wb”。
- Rotor angle over which back emf is constant 设为“120deg”。
- Number of pole pairs 设为“1”。
- Rotor angle definition 选 择“Angle between the a-phase magnetic axis and the q-axis”。

· Winding Type 选择“Wye-wound”。

· Zero sequence 选择“Include”。

· Rotor inertia 设为“0.01 kg*m^2”。

· Rotor damping 设为“0.2 N*m*s/rad”。

电机的端口 R 是与转子相连的端口，端口 C 则是与电机外壳相连的端口，反电动势通过电压表模块接端口 a、b、c 测量并显示。

❷ Ideal Rotational Motion Sensor 模块：速度测量。如图 6.6 所示，R 端口连接 BLDC 的 R 端口，C 端口连接基准点，A 端口输出角度（角位移）θ（rad），W 端口输出角速度 ω（rad/s），速度测量值为 $\omega=\omega_R-\omega_C$，其中 ω_R、ω_C 分别为端口 R 和 C 的绝对角速度，本次 W 端口未连接。

❸ Ideal Angular Velocigty Source 模块：角速度的设定。S 端口（信号）输入角速度 ω 为 4π rad/s，C 端口连接 ❺ 参考点，如图 6.7 所示。

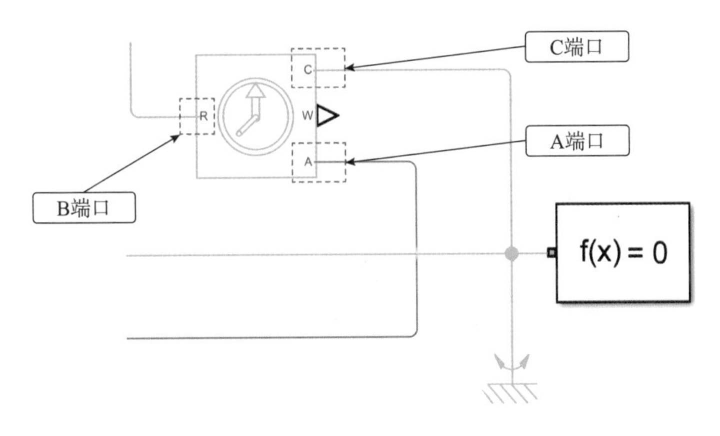

图 6.6　BLDC 发电模型：Ideal Rotational Motion Sensor

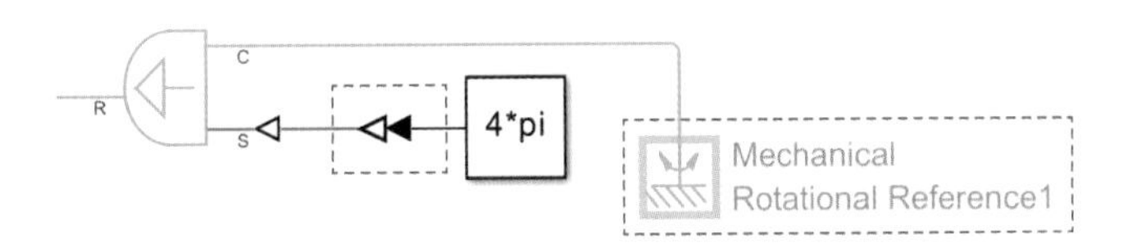

图 6.7　BLDC 发电模型：Ideal Angular Velocigty Source

❹ Simulink-PS Converter 模块将输入的 Simulink 信号转换为物理信号。图 6.4 所示的模型中含有蓝色的电气模块和绿色的机械模块，使用此块可将 Simulink 信号源或其他 Simulink 模块连接到 Simscape 物理模块的输入端。

❺ Mechanical Rotation Reference 模块，如图 6.8 所示，表示机械旋转端口的一个参考点，该参考点的角速度等于 0。

❻ PS-Simulink Converter 模块：设定如图 6.9 所示，Output signal unit 设为 inherit，则输出信号单位继承 ❸A 端子输出的角度 θ（rad）。

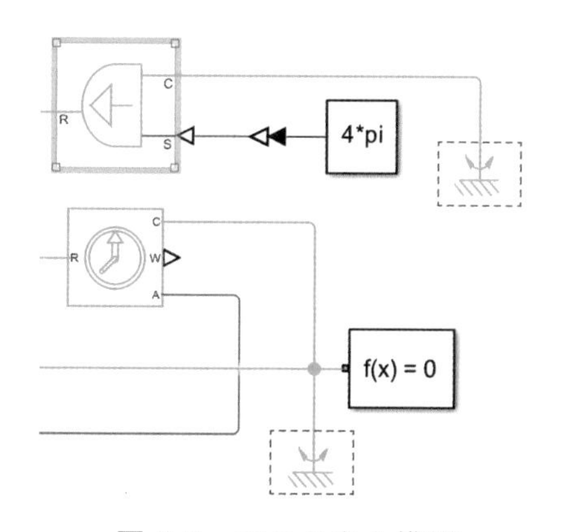

图 6.8　BLDC 发电模型：Mechanical Rotation Reference

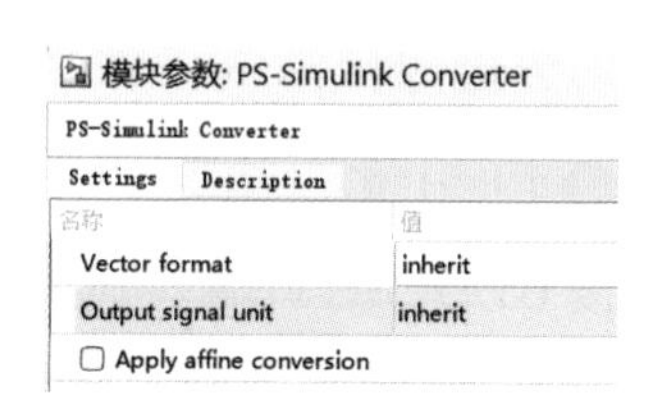

图 6.9　BLDC 发电模型：PS-Simulink Converter 的参数

❼ Solver Configuration 模块设置如图 6.10 所示。

模块参数: Solver Configuration

Solver Configuration　　自动应用

Settings　Description

名称	值
Equation formulation	Time
Index reduction method	Derivative replacement
☐ Start simulation from steady state	
Consistency tolerance	Model AbsTol and RelTol
Tolerance factor	1e-9
☑ Use local solver	
Solver type	Backward Euler
Sample time	0.0001
☑ Use fixed-cost runtime consistency iterations	
Linear Algebra	auto
Delay memory budget [kB]	1024
☑ Apply filtering at 1-D/3-D connections when needed	
Filtering time constant	0.001

图 6.10　BLDC 发电模型：求解器的参数

通过绿色的机械模块 ❸ 给定角速度，从而使蓝色的电气模块 ❶BLDC 旋转。❷ 测量当前角度 θ（rad），通过公式

$$\theta = \mathrm{mod}(\theta \cdot 180/\mathrm{pi},\ 360)$$

将角度 θ 的单位由 rad 转换为 deg，对 360（deg）求余数（mod）并在示波器上显示。

仿真结果

停止时间设为 1s，仿真结果如图 6.11 所示。

停止时间 $T=1\mathrm{s}$，角速度 $\omega=4\pi$ rad/s，$\omega\times T=4\pi$ rad/s $\times$ 1s $=4\pi$ rad，即旋转 2 周。

根据图 6.11 第 1 行的角度波形也可以确认旋转了 2 周。第 2 ~ 4 行的 U、V、W 相电动势分别相差 120°，波形为梯形，符合图 6.5 的“Back EMF profile：Perfect trapezoid-specify maximum flux linkage”（反电动势曲线：完整梯形——指定最大磁链）设定。

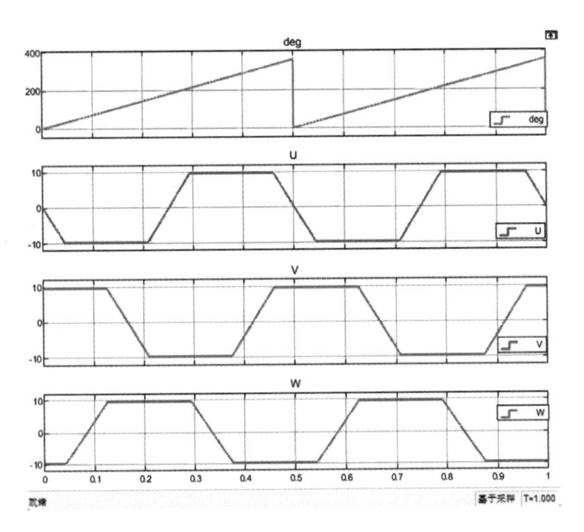

图 6.11　BLDC 发电模型：反电动势仿真结果

6.2　BLDC控制模型概述

本节将设计一个控制模型，实现速度闭环控制。电机由传感器检测转子位置，通过 PI 控制 DC–DC 变换器（降压 – 升压型变换器）得到直流电压，经 DC–AC 逆变为三相交流电使 BLDC 旋转，如图 6.3 虚线框所示，模型不包含再生制动功能。

以 BLDC 作为控制对象，整体模型如图 6.12 所示，文件名为 MotorContWithBuckBoostInv.slx。MBD 的好处就是能看出分层结构，在分层结构的最上方展示概要。

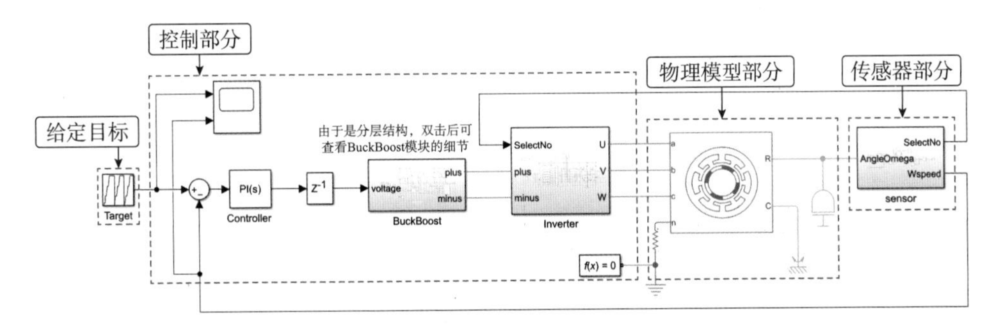

图 6.12　BLDC 控制模型整体图（分层结构的最上方）

BLDC 控制模型大致分为四部分（功能）。

（1）给定目标：角速度。

· Target：转速 ω 的目标值。

（2）控制部分：控制器。

· PI 控制器：根据比较目标值和当前转速的偏差，输出控制信号。

· z^{-1}：避免代数环和初始值设定。

· Buckboost：根据控制信号，生成占空比适当的 PWM 脉冲，控制 Buckboost 电路将固定的直流电压变换为可变电压，实现升压 / 降压。

※ 注意 plus 和 minus 端子的连接。

· Inverter：通过传感器检测到的转子位置确定六步换相时序，由逆变电路为电机的定子绕组（U、V、W）产生三相交流电。

（3）物理模型部分：控制对象模型。

· BLDC。

（4）传感器部分：传感器模块。

· 转子位置：向 Inverter 反馈 θ（deg）。

· 转速：向 PI 控制器反馈 ω（rpm）。

模块化处理

下面介绍建模后的模型移动（层级的上下移动）方法。

双击打开模型文件 MotorContWithBuckBoostInv.slx，如图 6.13 所示。双击 ❶BuckBoost 模块会显示下面的层级，而移动到上面的层级，需要 ❷ 在标题栏附近点击上层级的模块名称。

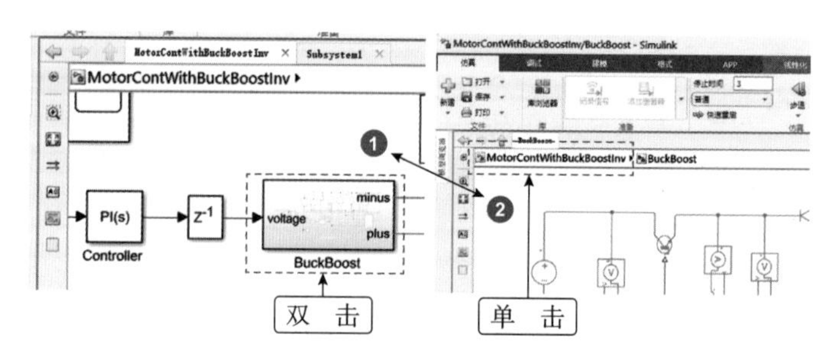

图 6.13　模型的模块化：层级的移动步骤

下面介绍模块化的方法。双击 BuckBoost 的模块，移动到 BuckBoost 的层级。如图 6.14 所示，选择要模块化的组件，右键点击选择“基于所选内容创建子系统（C）”。

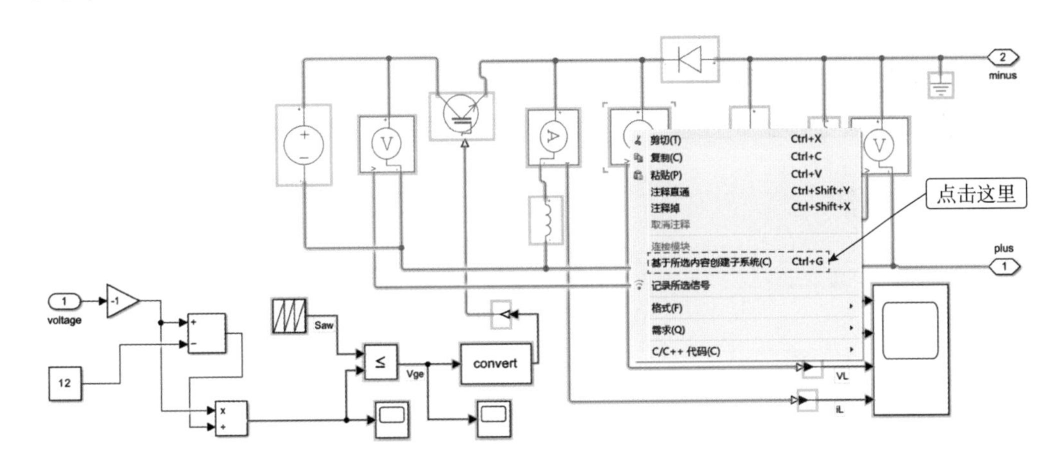

图 6.14　模型的模块化：模块化的步骤

模块化后的模型如图 6.15 左图所示，连接端子此时会自动生成端子名，如图 6.15 所示的 ❶ 和 ❷。

当双击该模块修改下层的端子名 ❸ 和 ❹ 后，上层的端子名 ❶ 和 ❷ 也会自动修改，如图 6.16 中 ❶ 和 ❷ 所示。

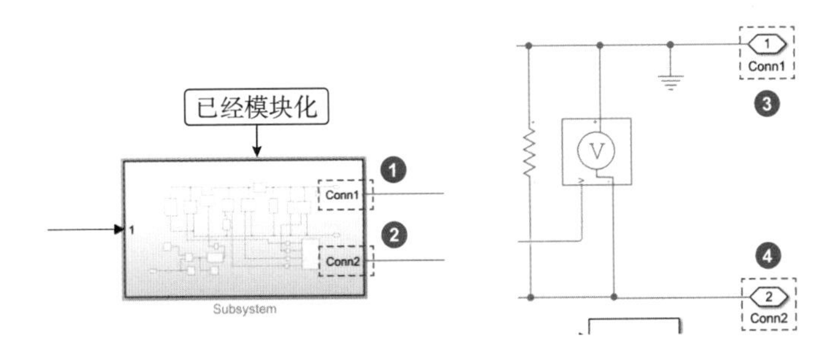

图 6.15　模型的模块化：自动生成端子名称

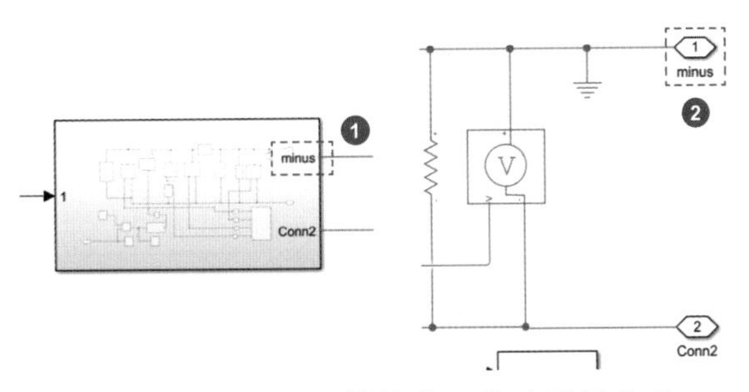

图 6.16　模型的模块化：修改端子名称

制作分层结构后可以分层进行模型设计，换言之，首先确定顶层模块之间的关系，然后设计下层模块的模型。只要确定了最上层模块的端口名和作用，就可以同时设计下层模型。

6.3 传感器部分

霍尔传感器

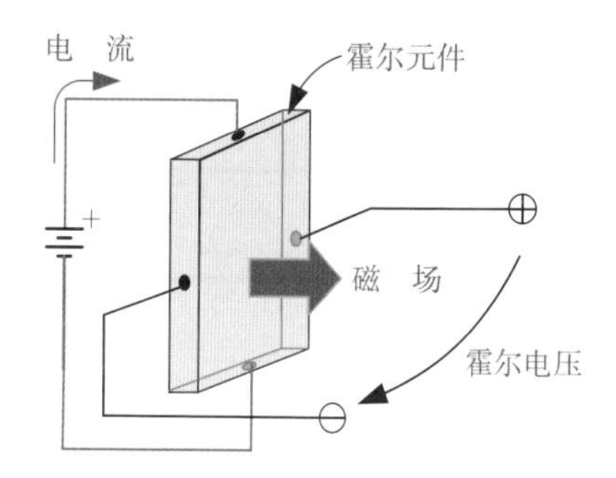

图 6.17 霍尔元件的工作原理

图 6.2（b）中的传感器模块（UH，VH，WH）常用到图 6.17 所示的霍尔元件。将霍尔元件放置在磁场中，当霍尔元件通过电流时，在垂直于磁场和电流的方向上会产生微小电压（霍尔电压）。根据该电压，便可判断磁场方向（N 极或 S 极）。

同均匀分布的定子线圈一样，用于输出 3 路磁场信号的 3 个霍尔传感器也均匀分布在 BLDC 的一周，相邻两个霍尔传感器的电角度相差 120°。电机按一定方向转动时，三路霍尔信号的输出会按照六步的规律变化，如图 6.18 所示。图中为外转子 4 对极电机，一对极的机械角度为 90°，电角度为 360°。当转子转过机械角度 90° 时，3 路霍尔信号变化一个周期，变化了六步。每步的电角度为 60°，机械角度为 15°（90°/6）。六步输出 6 个信号 001 ~ 110，对应的数字分别是 1 ~ 6。所以，根据霍尔传感器对应的数字可以判断转子位置，并改变定子各相绕组电流的方向和大小。

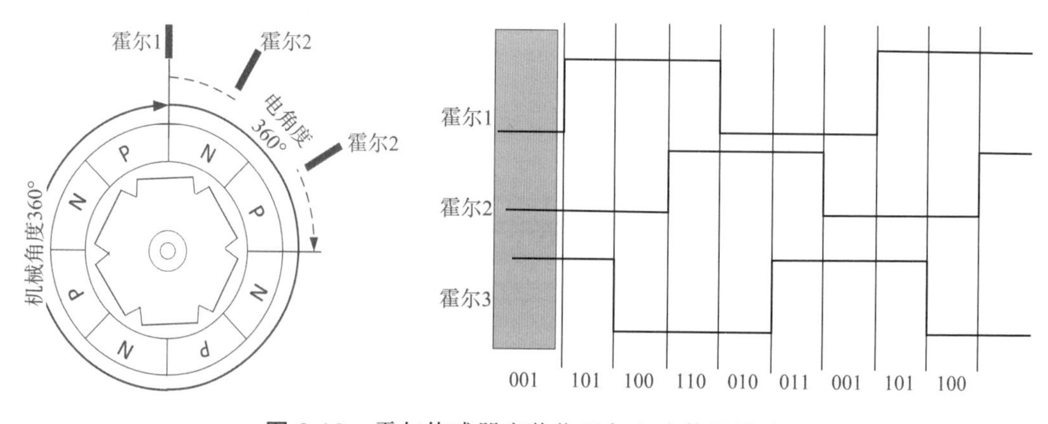

图 6.18 霍尔传感器安装位置与六步信号输出

要使用六步换相法驱动 BLDC，前提条件是必须准确知道电机转子的当前位置。为了获取电机转子的位置，BLDC 可以使用霍尔传感器。霍尔传感器配合外围电路，能够将检测到的磁场变化转换成脉冲信号输出，这一过程如图 6.19 所示。

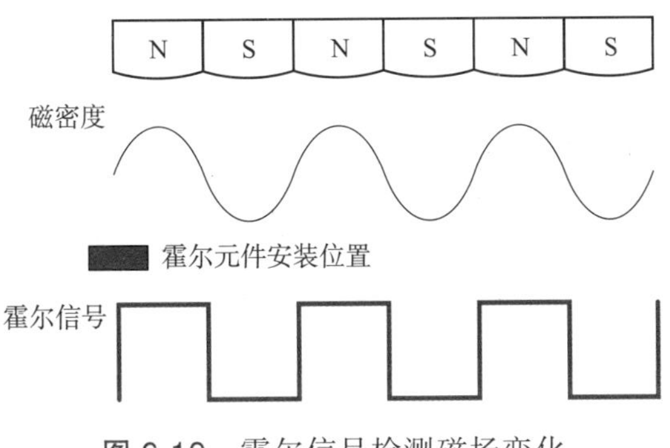

图 6.19　霍尔信号检测磁场变化

传感器模型设计

双击 MotorContWithBuckBoostInv.slx 中的 Sensor 模块，打开模型如图 6.20 所示。

传感器的功能是获得转子的角度和角速度。进行转速控制时，它将角速度传递给控制器；同时，将角度六等分的位置信息传递给逆变器模块，逆变器模块根据这一信息生成三相交流电。

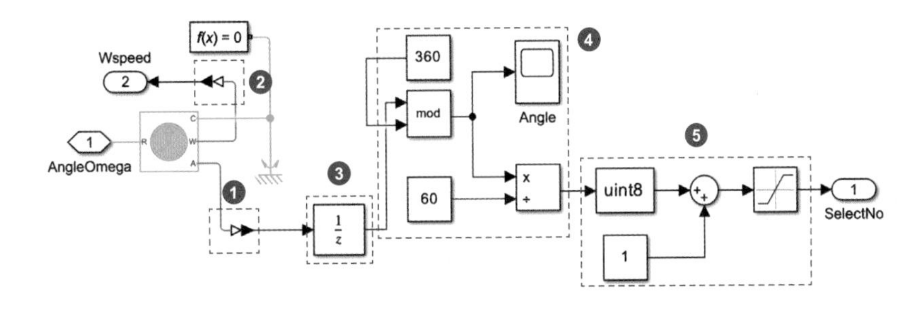

图 6.20　传感器模块的模型

● 输　入

AngleOmega：通过传感器获取 BLDC 的角度和角速度。这里不使用霍尔 IC，而是采用 Idea Rotational Motor Sensor 模块代替霍尔传感器。

● 输　出

Wspeed：输出角速度。

SelectNo：输出360deg六等分后对应的数值（1 ~ 6）。请注意，当此模块的输出与其他模块结合使用时，要谨防SelectNo出现无效值，以免导致错误。

在此基础上，按照图6.20的顺序进行补充说明。

❶ PS-Simulink Converter模块：按图6.21（a）设定角度单位为deg。

❷ PS-Simulink Converter模块：按图6.21（b）设定角速度单位为rpm。

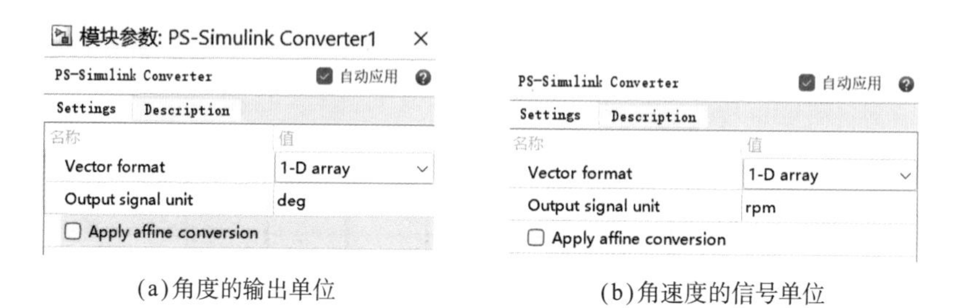

(a)角度的输出单位　　(b)角速度的信号单位

图6.21　传感器模块的模型：传感器输出信号的单位设定

❸ Unit Delay模块：延迟一个采样周期。避开代数环，设定初始值。

❹ 角度六等分：实数六等分。

由图6.5所示BLDC参数可知电机为1对极，所以1对极的机械角度为360°，对应的电角度也为360°。每一个电角度周期，霍尔传感器都会输出6个信号。因此，转子旋转一圈，霍尔传感器对应输出6个数字。电机旋转n圈，霍尔传感器获得的叠加角度为360°×n。为了得到转子当前的角度，我们可以对这个叠加角度取360°的余数，并进行六等分。转子角度θ为实数，$0.0 \leqslant \theta \leqslant 6.0$。

❺ 传感器位置处理：角度取整。

将❹输出的角度值转换为整数1 ~ 6。与其他模块结合时，为防止发生故障，采用Saruration模块来确保不会输出1 ~ 6以外的数值。

检查模型的运行结果，通常应该从外部端子提供输入。但本次从简，如图6.22所示，切断❶角度输入端子，连接Ramp模块作为输入。❷Scope连接输入信号、中间是余数信号和最下面的❸角度取整输出信号，停止时间为3s，模型文件名为MotorContWithBuckBoostInv_sensor_ramponly_T6_22.slx。

Ramp模块参数中的“斜率”设为360，求解器“最大步长”设定为1/10000，如图6.23所示。

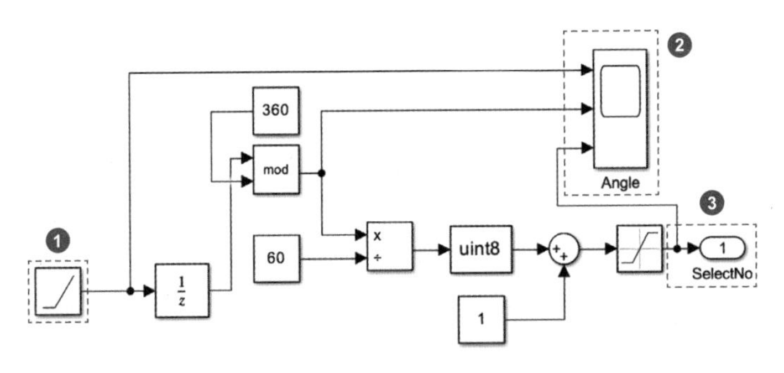

图 6.22　传感器模块的模型：部分验证

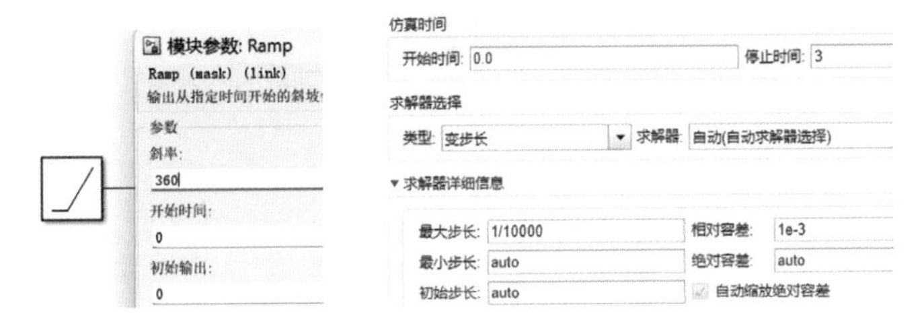

图 6.23　Ramp 模块和求解器最大步长设置

仿真结果如图 6.24 所示，以 360deg/s × 3s = 1080deg 运行，转子旋转 3 圈。从输入信号和 360deg 的余数信号中也可以确认旋转了三周，最后一行是角度取整输出信号，为整数 1 ~ 6。

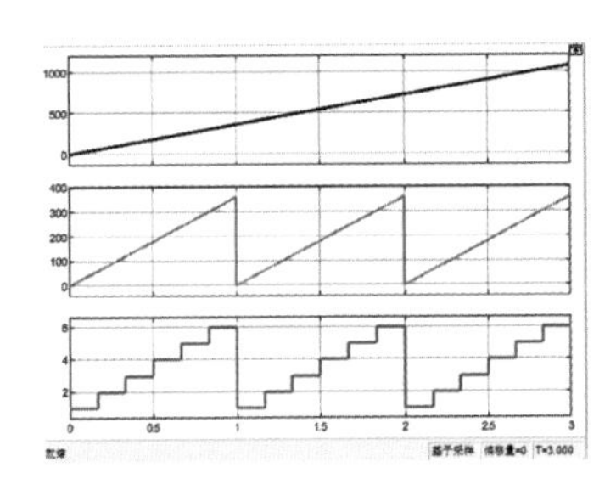

图 6.24　传感器模块的模型：部分验证的仿真结果

6.4　控制部分的BuckBoost和Inverter模块

要使 BLDC 旋转，需要根据传感器测量的转子位置依次向定子绕组提供三相交流电，而这一过程离不开 DC-DC 变换器和 DC-AC 逆变器。

5.2 节的三相逆变器模型采取的是 6 个 IGBT 三管导通、三管截止的模式，本节的逆变器模型采取两管导通、四管截止，组合开关模式见表 6.1。

Q_1、Q_2、Q_3 为上管，Q_4、Q_5、Q_6 为对应的下管，浅绿色表示上管导通（ON），

灰色表示下管导通（ON）。U、V、W 分别表示三相绕组，红色表示绕组接到了电源正端，蓝色表示绕组接到了电源负端。

表 6.1 BLDC 驱动的 IGBT 组合开关模式

角 度	60°	120°	180°	240°	300°	360°
U						
V						
W						
U+V+W	0	0	0	0	0	0
Q_1 状态						
Q_2 状态						
Q_3 状态						
Q_4 状态						
Q_5 状态						
Q_6 状态						
IGBT 模式	1	2	3	4	5	6

基于表 6.1 的 IGBT 组合开关模式，输出波形如图 6.25 所示，黑色方波为实际波形，红色代表理想曲线。这里要注意，横轴不是时间 t（s），而是角度 θ（deg）。除非根据转子位置按顺序生成表 6.1 中 1 ~ 6 的 IGBT 模式，否则电机就不会旋转。

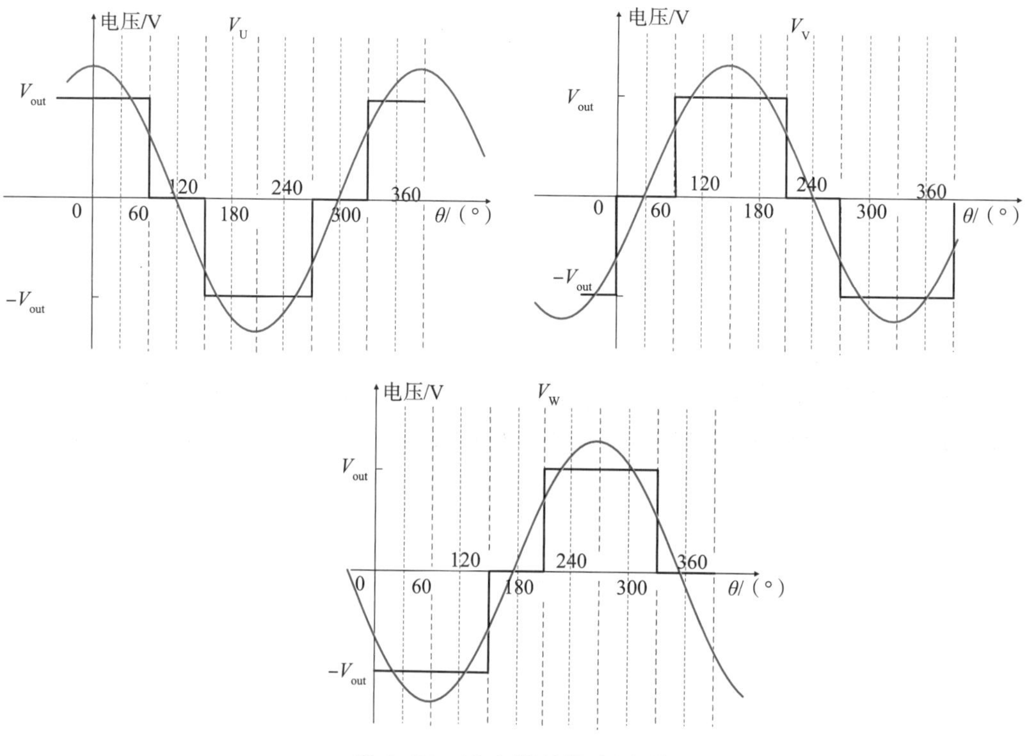

图 6.25 逆变器的输出波形

三相逆变器模型

回到 MotorContWithBuckBoostInv.slx 模型的最上方，双击 Inverter 模块，打开模型如图 6.26 所示。三相逆变器的功能和输入输出如下。

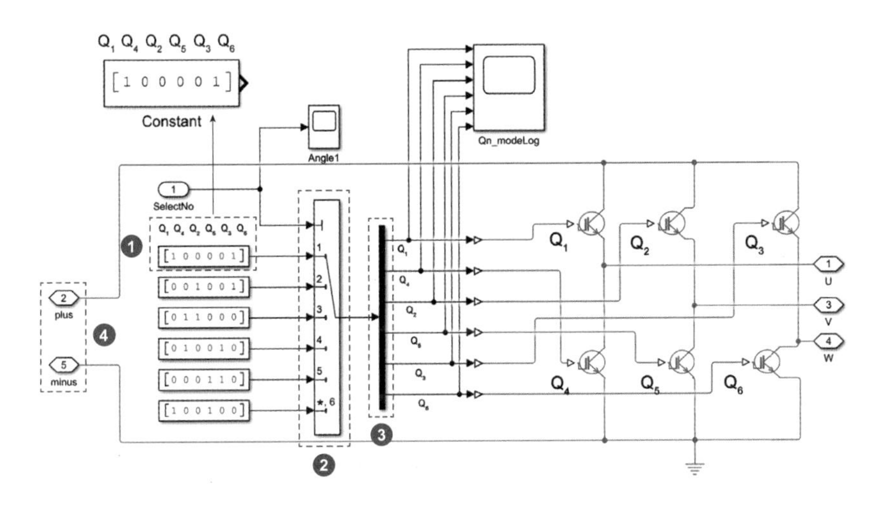

图 6.26　BLDC 逆变器的模型

（1）功能：根据转子角度生成三相交流电压，向 BLDC 供电。

（2）输入端子。

· SelectNo：角度对应的 IGBT 开关模式序号（用于 BLDC 绕组供电）。

· plus/minus：向逆变器供电（通过 BuckBoost 模块生成可变电压进行 BLDC 调速）。

（3）输出端子。

· U、V、W：输出驱动 BLDC 的三相交流电压。

如图 6.26 所示，设计重点如下。

❶ IGBT 模式：指定 6 个 IGBT 组合开关模式。

使用 Constant 模块，根据表 6.1 的模式，设定 6 种 IGBT 的开关模式（ON/OFF），每行 6 列。

注意 IGBT 的排序为 Q_1、Q_4、Q_2、Q_5、Q_3、Q_6，如图 6.26 左上角所示。

❷ 模式选择（Multiport Swith 模块）。

SelectNo：根据 1 ~ 6，选择输入数据 ❶ 模式信号。

❸ 分配 IGBT 信号（Demux 模块）。

将 ❷ 选择的 1 行 6 列信号转换为 6 行 1 列，同时向各 IGBT 分配驱动信号。

❹ 电压连接，与降压升压模块连接。

BuckBoost 模块输出的是负电压，请注意连接。

与传感器模块的模型相结合并运行，仿真结果如图 6.27 所示。比较图 6.27 和表 6.1 可以看出，IGBT 的工作符合预期。

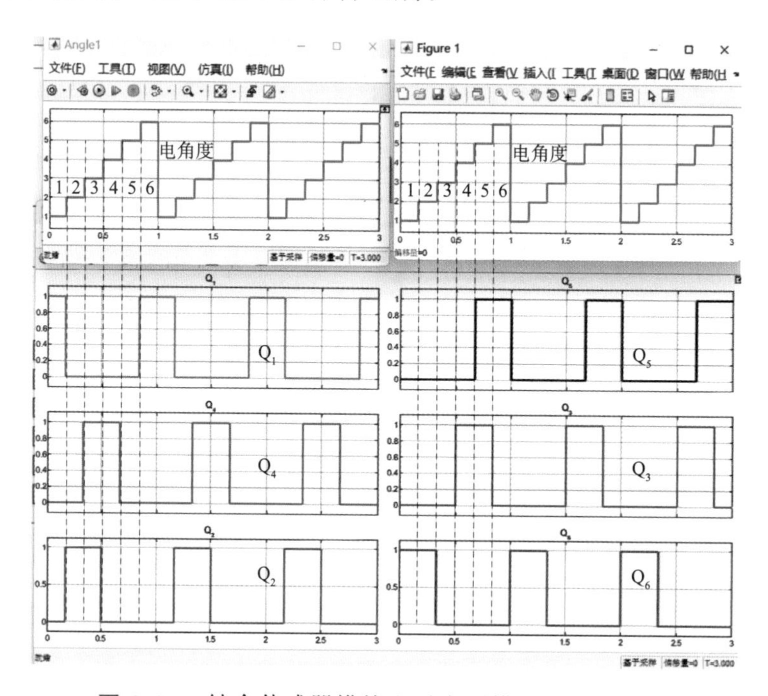

图 6.27 结合传感器模块和逆变器模块的运行结果

BuckBoost模型设计

先来看 BuckBoost 模块的功能和输入输出。

（1）功能：根据控制信号升压 / 降压。

（2）输入端子。

· Voltage：升压 / 降压的电压值。

（3）输出端子。

· plus/minus：向逆变器供电。

注意与 Inverter 模块的连接，BuckBoost 模块的输出是负电压。

回到 MotorContWithBuckBoostInv.slx 的最上方，双击 BuckBoost 模块，显示如图 6.28 所示的模型。

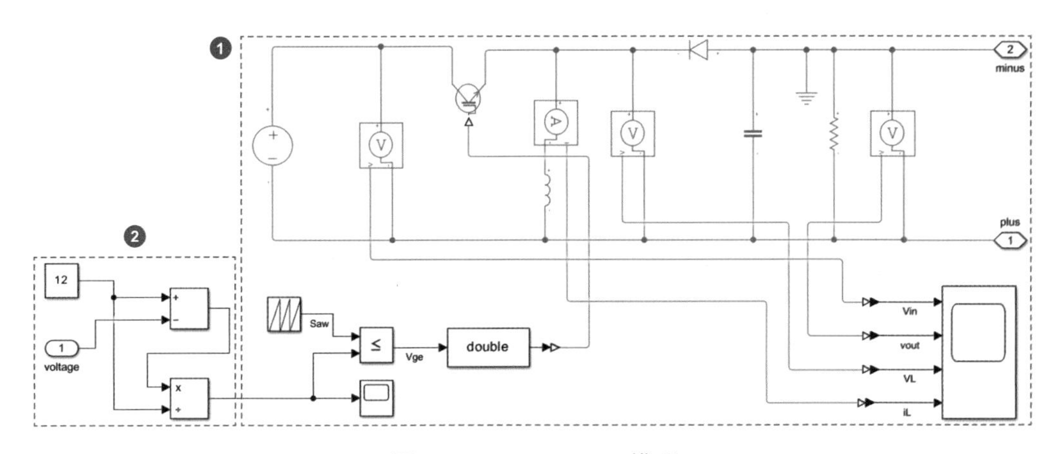

图 6.28　BuckBoost 模型

❶ 是 4.5 节的降压－升压型变换器模型，可以作为模块复用，❷ 根据电压计算占空比，参见式（4.17）。4.5 节模型中的占空比是固定值，此处连接到图 6.28 的 ❷。

6.5　BLDC控制目标与结果

设计目标

将转速 ω 目标值的单位设定为 deg/s，与传感器模块的输出保持一致。

在 MotorContWithBuckBoostInv.slx 的最上方双击 Target 模块，如图 6.29（a）所示。其中，时间值 `[0 0.1 0.2 0.4 0.7 1 1.3 1.73]` 为横轴，输出值 `[0 100 100 300 300 600 600 900 900]` 为纵轴。

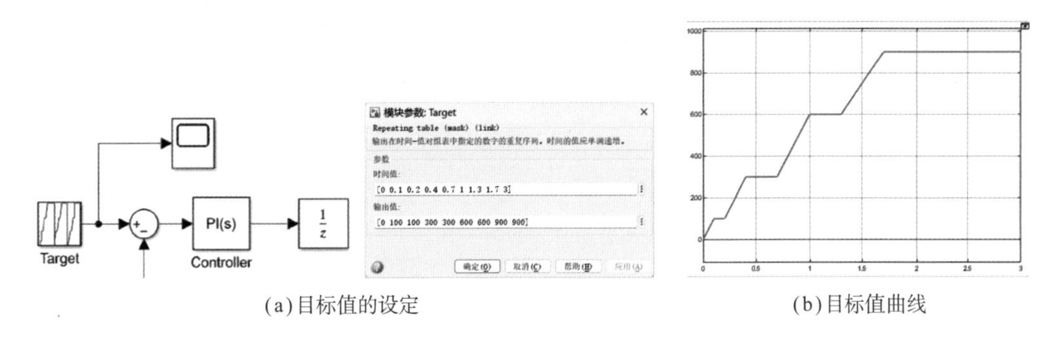

(a) 目标值的设定　　(b) 目标值曲线

图 6.29　BLDC 的目标值设定

将 Target 模块连接 Scope 模块并运行，可以得到图 6.26（b）所示的输出曲线，目标值在 3s 内增加到 900deg/s。

BLDC控制结果

在模型 MotorContWithBuckBoostInv.slx 的最上方，将 Target 模块和当前转速都连接到 Scope 模块，如图 6.30 左图所示。

如果直接使用 4.5 节的 Buck-Boost 变换器模型，还需删除 Buck-Boost 模型中的求解器配置模块，以确保整个系统只有一个求解器配置模块。

停止时间设为 3s，运行仿真结果如图 6.30 右图所示，红色当前转速实际值跟随蓝色目标值变化。

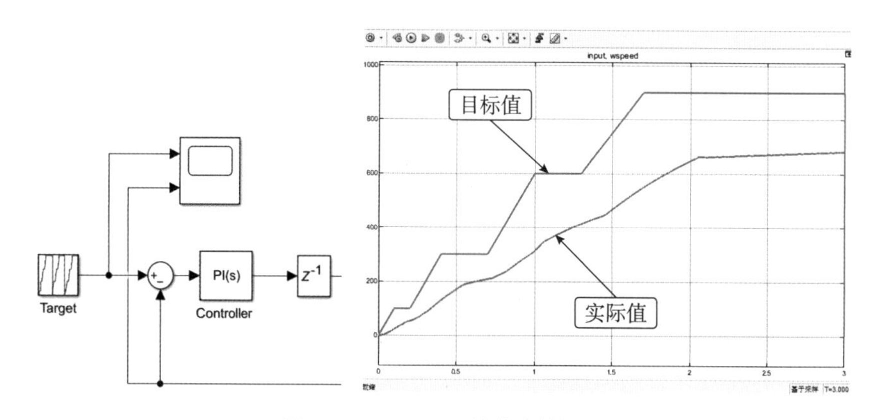

图 6.30 BLDC 的控制结果

如图 6.31 所示，本次 PI 控制的参数 P 和 I 分别设定为 ❶ 0.1 和 0.01。尝试修改这两个参数，如都设置为 0.02，看看转速是如何变化的，能不能跟随目标值。本书不会深入讲解 PI 控制，但鼓励读者通过调节参数来寻找最佳输出曲线。关于参数设置，可参考“参数整定”的相关资料。若已经获得了电机的传递函数，可点击按钮 ❷ “调节…”，进入“PID 调节器”整定 PID 参数。

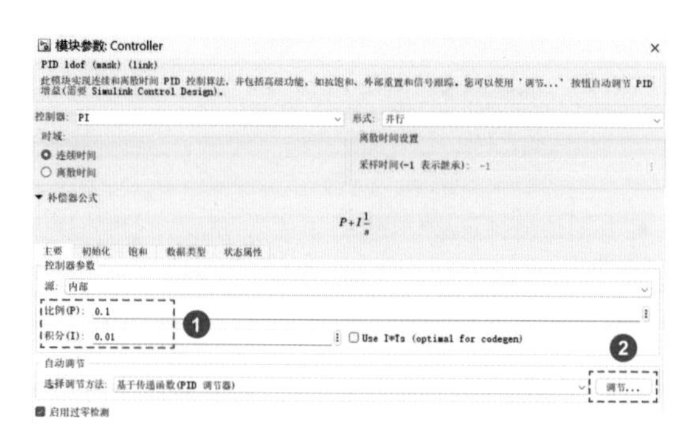

图 6.31 PID 模块参数设置

基于PWM占空比控制逆变电路的BLDC控制模型

另一种控制 BLDC 的常用方法是基于 PWM 占空比来控制逆变器，整体模型如图 6.32 所示，文件名为 MotorContWithInvCommute.slx。

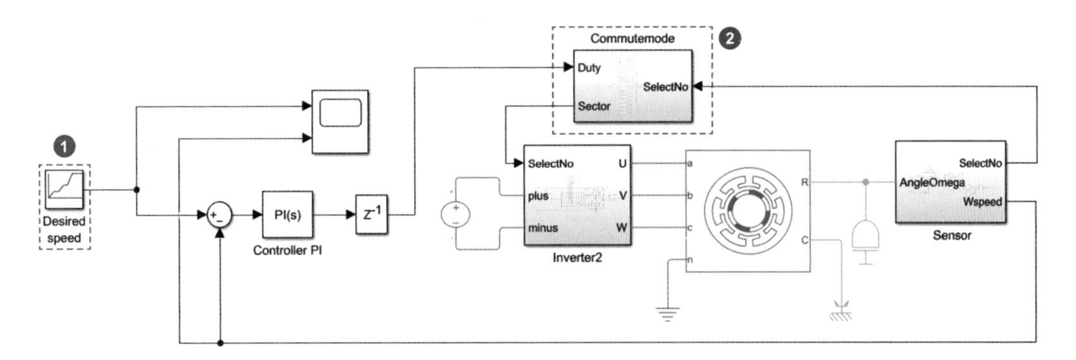

图 6.32　基于 PWM 占空比控制逆变电路的 BLDC 控制模型

这里去掉了 Buckboost 模块，转而使用直流电源，PI 控制器负责比较目标值和当前转速，并据此调节 PWM 占空比。同时，根据传感器获得的转子位置信息，生成相应的换相逻辑，进而控制 Inverter 模块为电机提供三相交流电压。

❶ 目标转速设定。

在 Repeating Sequence Interpolated 模块中，按图 6.33 设定输出值的向量为 [0 1025/2 1025/2 1025 1025 2050 2050 2050]，时间值的向量为 [0 10 20 30 40 50 60 70]/2，采样时间为 1e-5。

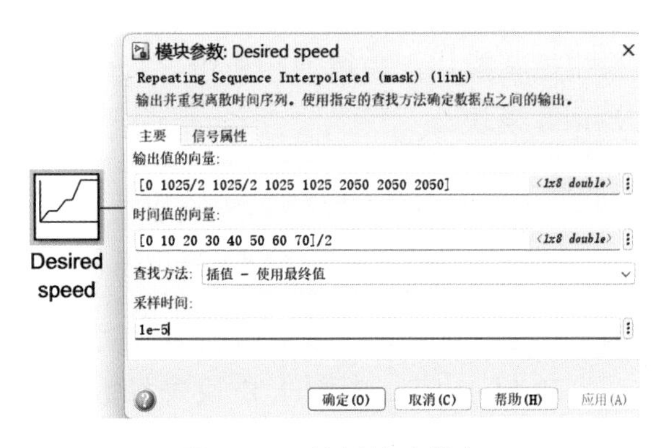

图 6.33　目标转速设定

❷ 换相逻辑部分增加了 PWM Generator（DC-DC）模块、Switch 模块和 Multiport Switch 模块，按图 6.34 配置。

❶ PWM Generator（DC-DC）模块：设定 Swithching frequency（Hz）为 1000，Sample time 为 0.00001，如图 6.35 所示。

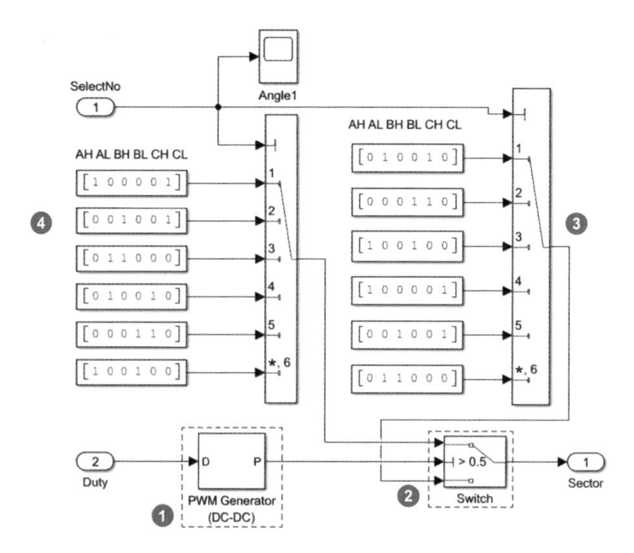

图 6.34　换相逻辑模块

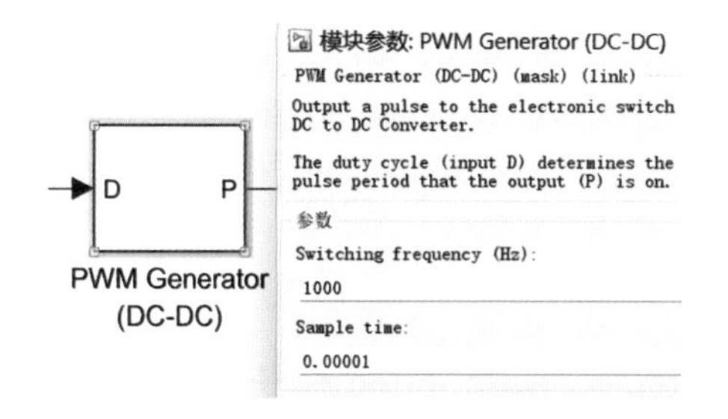

图 6.35　PWM Generator（DC–DC）模块

❷ Switch 模块：设定阈值为 0.5。

❸ 新增的一组换相逻辑模块：与原换相逻辑模块的组成相似，但是设定不同，其输出连接至 Switch 模块。

当 PWM 信号为低电平时，Switch 选择 ❸ 换相逻辑模块的输出。

当 PWM 信号为高电平时，Switch 选择 ❹ 换相逻辑模块的输出。

我们以 SelectNo = 1 为例说明。当 PWM 为高电平时，Switch 选择 ❹ 换相逻辑模块的输出，此时 Multiport Switch 模块选择数据端口 1，输出数据为 [1　0　0　0　0　1]，输出结果如图 6.36 所示，Q_1 和 Q_6 导通，箭头表示电流的方向。

当 PWM 为低电平时，Switch 选择 ❸ 换相逻辑模块的输出，即 [0　1　0　0　1　0]，输出结果如图 6.37 所示，Q_4 和 Q_3 导通。PWM 高低电平分别驱动上下管互补输出，电流方向相反，电机实际得到的电压在 ± DC Voltage/2 之间，且正负电压的宽度与 PWM 高低电平宽度一致。

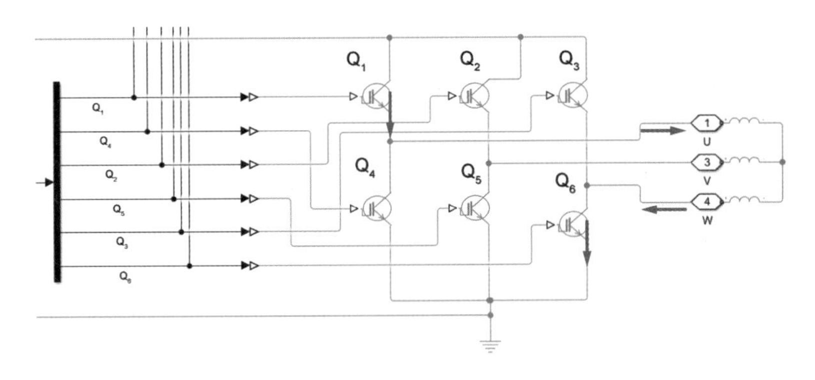

图 6.36 PWM 为高电平：Q_1 和 Q_6 导通

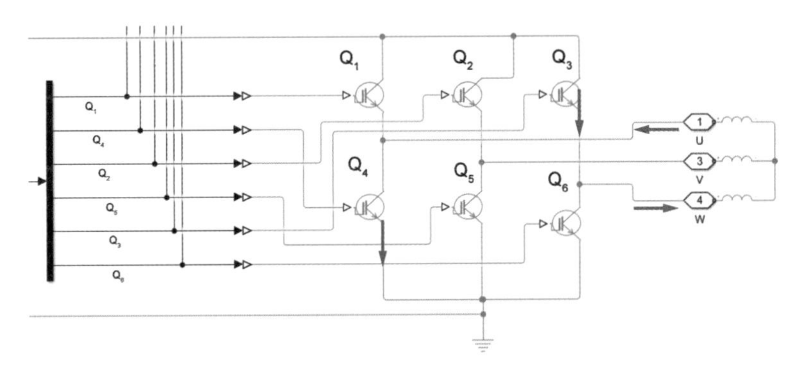

图 6.37 PWM 为低电平：Q_4 和 Q_3 导通

如果在 PWM 为低电平的时候，换相逻辑输出为 [0 1 0 0 0 1]（图 6.34 中未实现），则 Q_4 和 Q_6 导通，如图 6.38 所示，电流将维持原来的方向，这种换相方式称为同步整流。

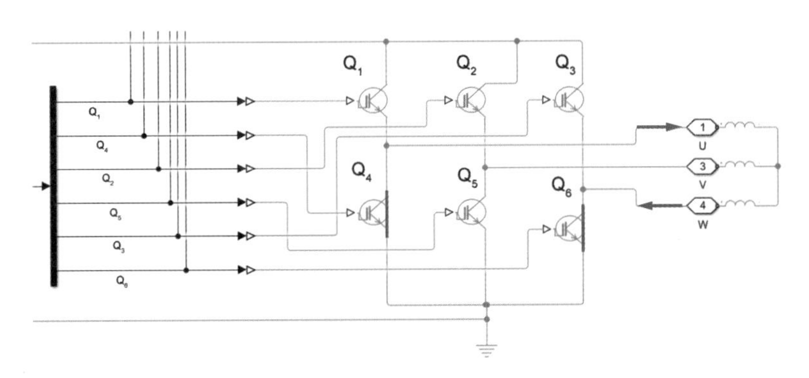

图 6.38 PWM 为低电平：Q_4 和 Q_6 导通（同步整流）

仿真结果如图 6.39 所示，红色当前转速实际值跟随蓝色目标值。

最后要说明的是，在本次的 BLDC 控制模型中，换相电路和逆变器也可以直接使用 Simulink 的现有模块，如 Six-Pulse Gate Multiplexer 和 Converter（Three-Phase），如图 6.40 所示。

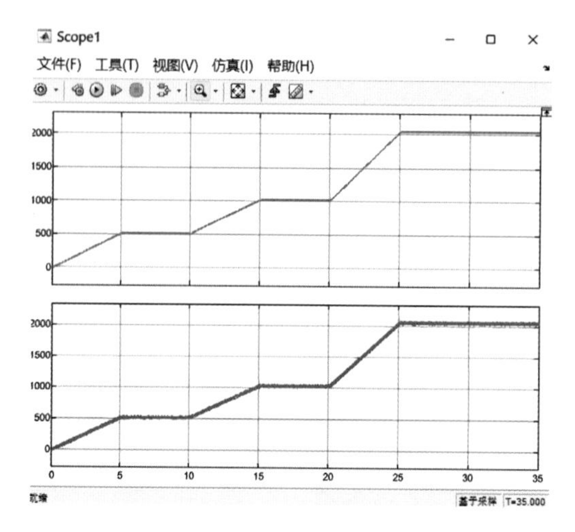

图 6.39 基于 PWM 占空比控制逆变电路的仿真结果

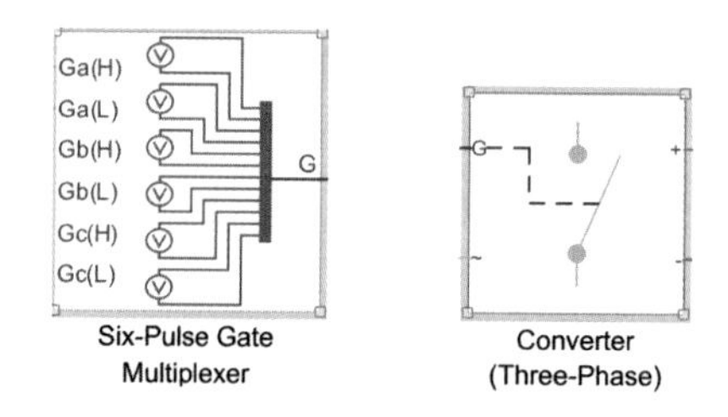

图 6.40 Six-Pulse Gate Multiplexer 模块和 Converter（Three-Phase）模块

第7章
基于Simulink模型的嵌入式代码生成

前面建立的模型，仿真结果都符合预期目标。接下来，我们尝试把模型生成代码，并烧录到微控制器中，看看实际的物理系统运行结果怎么样。

Simulink 生成嵌入式代码的主要步骤包括模型设计、配置模型参数、利用 Embedded Coder 进行代码生成，最后将生成的代码部署到微控制器中。

本章涵盖了偏差计算的代码生成、参数引用、代码调用、条件代码，最后设计了一个 BLDC 启动模型并生成代码，目的是让 BLDC 转起来。

7.1 偏差计算的代码生成

准确的模型设计是代码生成的基础，模型设计是代码生成的起点。

第1步：建立模型

如图 7.1 所示，所用模块有 2 个输入模块，1 个输出模块，1 个加法器（Sum）模块，1 个增益（Gain）模块，1 个绝对值（Abs）模块，模型文件名为 my_first_code_xyz.slx。

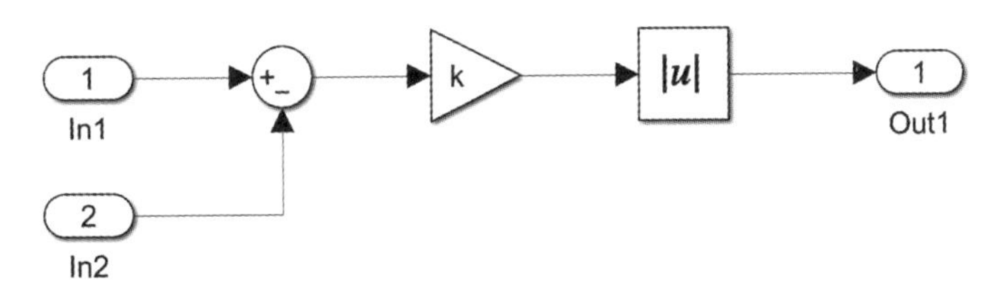

图 7.1　算法结构图

运算过程为 `out1=|(in1-in2)*k|`，即计算两个输入信号的偏差，并进行比例运算，然后求绝对值。整个算法的过程就是标定，如称重标定、温度标定、速度标定等。

输入模块相当于某些对象的状态，称为信号（Signal）。信号是不断变化的，故输出也是不断变化的。Gain 模块的增益为 k，是人为改变的，是不常变化的，称为参数（Parameter）。

如果增益模块变成红色，说明 k 没有定义。我们可以就将 k 定义为常数，如：

```
>> k=2
```

第2步：配置参数

生成嵌入式 C 代码最少需要配置 3 部分：模型的求解器；模型的系统目标文件；硬件实现。不同配置会对模型或者生成的代码产生影响，因此要重视配置参数。

首先通过快捷键 Ctrl+E，或者菜单栏的“建模→模型设置”，打开参数配置页面，如图 7.2 所示。在 ❶ 求解器中，一定要将“求解器选择”设定为 ❷“定步长”、❸“离散（无连续状态）”，并设定 ❹“固定步长”为 0.0001s。之后，点击 ❺“应用”使设置生效。

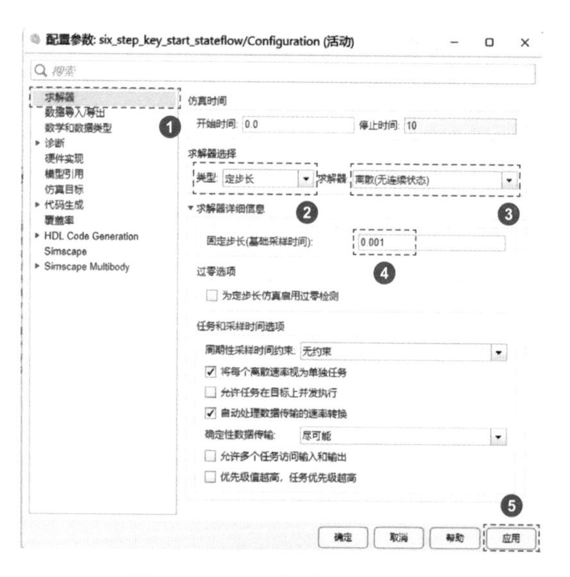

图 7.2 配置参数：求解器

如图 7.3 所示，在模型设置的 ❶“代码生成”中，❷“系统目标文件”选取代码生成模板。这里使用 EmbeddedCoder，所以选择对应的 ❸“ert.tlc”。特别要注意的是，本次生成的代码不使用 Simulink 的编译工具进行编译，所以“编译过程”要勾选 ❹“仅生成代码”，只生成 C 文件与 h 文件；否则，生成代码后会自动运行 makefile 进行编译，若生成的代码配合其他代码文件一起使用，则编译很容易报错。

如图 7.4 所示，选择“代码生成→报告”，勾选 ❶“创建代码生成报告”“自动打开报告”“生成模型 Web 视图”。使用“生成模型 Web 视图”选项，可以生成一个网页版模型，分享给非 Matlab 用户。

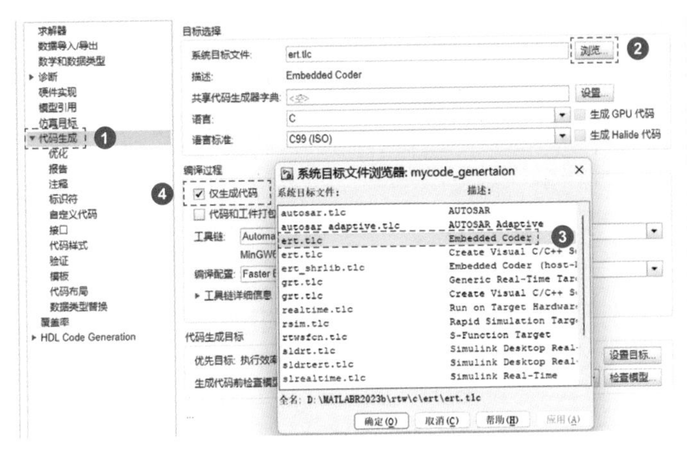

图 7.3 代码生成的设定

图 7.4 代码生成的报告设置

第3步：代码生成

如图 7.5 所示，选择菜单栏的 ❶“APP → Embedded Coder”，显示 ❷“C 代码”标签。点击“生成代码”按钮，或者使用快捷键 Ctrl+B 开始生成代码。生成的代码全部在 filename_ert_rtw 文件夹下，此文件夹是系统自动生成的，

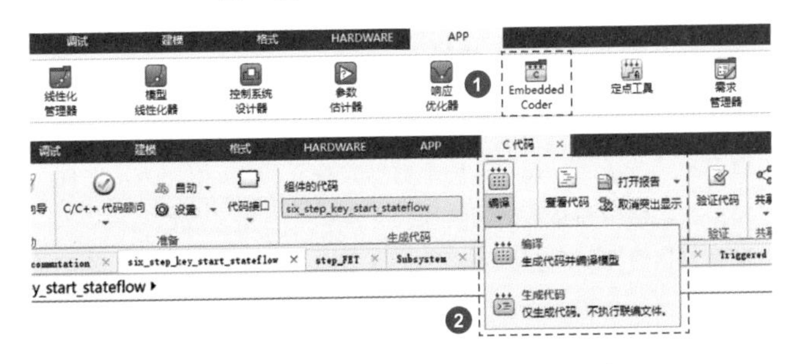

图 7.5 APP 图标与 C 代码生成

“filename”是模型文件名，后面是系统默认添加的。生成代码的同时会生成一份报告，包含模型配置信息，如图 7.6 所示。

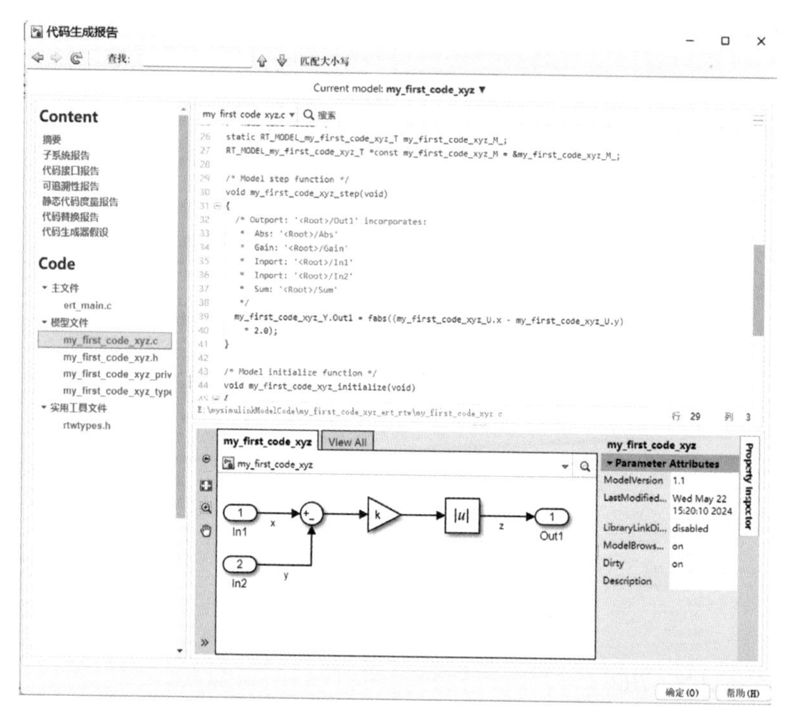

图 7.6 my_first_code_xyz.slx 的代码生成报告

在左边的框中提示了本次生成代码的文件，点击可以对代码进行查看。

代码生成内容见表 7.1，表中的 model 就是模型文件名，如 my_first_code_xyz。

表 7.1 生成代码结构

文件	说明
ert_main.c	该文件含有一个主函数，调用模型的初始化函数和 Step 函数。正常开发过程中这个文件不会被用到。ert_main.c 可不生成，Main 函数正常都在微处理器开发环境中编写
model.c	就是存放 Simulink 模型生成代码的文件，包含数据及代码的入口函数，包含三个重要函数： · model_initialize 初始化函数 · model_step 算法运行函数 · model_terminate 终止函数（一般为空）
model.h	算法函数头文件
model_private.h	模型和子系统的局部宏与局部数据，被 model.c 引用为头文件
model_types.h	模型数据结构和参数数据结构预先声明（自定义数据结构）
rtwtypes.h	定义数据类型、结构体和宏，打开 rtwtypes.h 头文件可以看到许多 typedef 的类型定义。这里的定义和 Simulink 中的“配置参数→硬件实现→设备详细信息”是一致的
model_data.c	模型中存在非内嵌参数时才产生，主要是模型参数数据结构和常量数据结构，只有在需要时才生成（本书未涉及）

算法实现函数在 Step 函数里，如下所示。

```
void my_first_code_xyz_step(void)
{
 /* Outport: '<Root>/Out1' incorporates:
  *  Abs: '<Root>/Abs'
  *  Gain: '<Root>/Gain'
  *  Inport: '<Root>/In1'
  *  Inport: '<Root>/In2'
  *  Sum: '<Root>/Sum'
  */
 my_first_code_xyz_Y.Out1 = fabs((my_first_code_xyz_U.x - my_first_
code_xyz_U.y)* 2.0);
}
```

my_first_code_xyz_step 函数就是我们用 Simulink 设计模型生成的 C 语言代码。Step 函数反映了模型的策略，完全和模型对应。一般来说，想验证某种模型生成代码，查看 Step 函数的内容即可。可以看到，输入与输出都是以结构体的形式进行表达的，k 则是在 Matlab 工作区直接赋值 2。

上述代码中，“_Y”代表输出，“_U”代表输入。这些符号与现代控制理论中的表示方法类似，例如：

$$X' = AX + BU$$
$$Y = CX + DU$$

代码生成的结构体名见表 7.2。

这样的代码可读性比较低，接下来对模型进行设置，实际上是数据管理。数据管理对代码生成很重要，也是代码生成的主要工作。

表 7.2　代码模块生成结构体名

结构体名称	变量名
实时模型数据结构体	model_M
参数结构体	model_P
外部输入结构体	model_U
外部输出结构体	model_Y
模块输入输出结构体	model_B
离散状态结构体	model_DW（model_DWork）

第4步：管理数据

使用数据对象来管理数据。现在，我们有了信号类和参数类。类（class）有很多属性、操作（也称为方法，通俗地说也是函数）。把信号类和参数类放在一起，就是所谓的“包”（package）。

下面给要管理的数据起名，两个输入分别是 x、y，一个输出是 z。

双击信号线，输入信号名称，如图 7.7 所示。所有信号线上的变量，以及一些模块内设置的状态变量都属于 Simulink 的 Signal 信号对象。

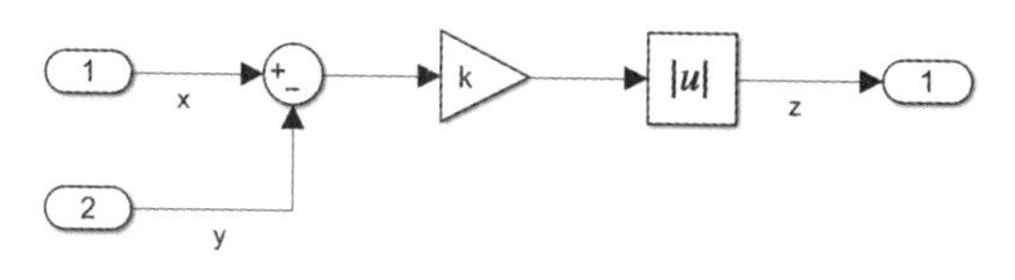

图 7.7　设置信号名称

注意：不要在空白处和信号线旁边双击。

这样就得到了信号之间的关系 z=|(x-y)*k|，下一步要把信号名称管理起来。点击菜单栏的“建模→模型设置→模型属性”，如图 7.8 所示。在新窗口中点击 ❶“外部数据”标签，点击 ❷“新建…”，便可新建数据字典文件，如图 7.9 所示。这里为数据字典文件命名 my_xyz_data.sldd。

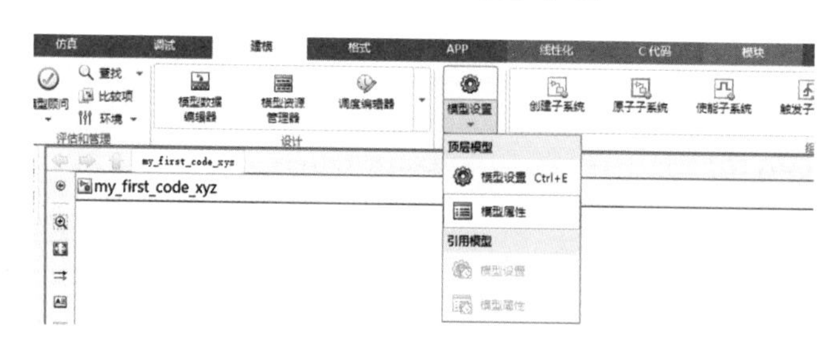

图 7.8　模型属性

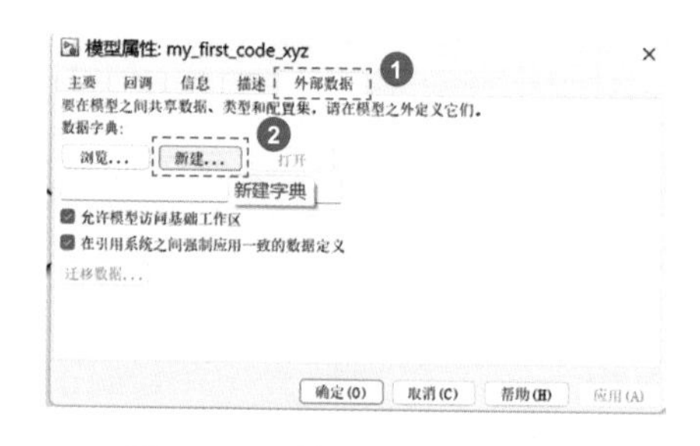

图 7.9　增加数据字典文件

建立数据字典后，点击菜单栏的“建模→模型资源管理器”，如图 7.10 所示，会看到刚才的数据字典文件名称 my_xyz_data 出现在左侧，点击 my_xyz_data，打开 Design Data，现在里面什么也没有。

菜单栏下方一排按钮中有一个像引出点的，如图 7.11 所示，点击该按钮可以添加 Simulink 信号（Signal）。点击后会出现一个名为 Sig 的信号，将其重命名为 x。再次添加两个信号，重命名为 y、z。

图 7.10　打开数据字典

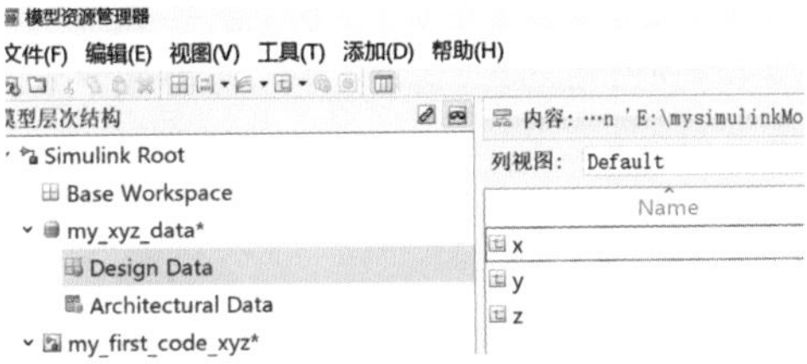

图 7.11　在数据字典中增加信号

如图 7.12 所示，“列视图”选择❶Data Object，会看到❷z、y、x三个信号。右侧的❸“Simulink.Signal:z”表示：我们用 Simulink 包中的 Signal 类创建了对象 z。选择❹“代码生成”，❺“存储类”选择“ExportedGlobal”。

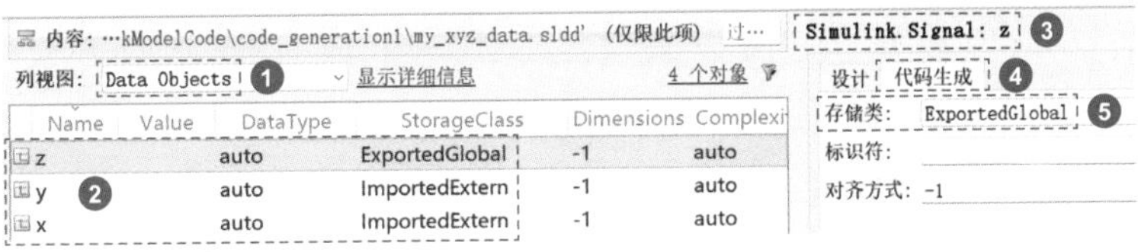

图 7.12　信号的设计与代码生成属性

x存储类设为“ImportedExtern”，y存储类设为“ImportedExtern”，z存储类设为“ExportedGlobal”，然后保存文件，再次进行代码生成。此时，Step 函数还是没有什么变化。

代码中的变量名既不是x也不是y，可读性依然很差。为避免重复定义变量，在多个模块存在输入输出相关联的情况下，可以只定义输出变量。

如图 7.13 所示，选中信号线 x，选择右键菜单中的“属性”，勾选❶“信号名称必须解析为 Simulink 信号对象”。此时，信号名称旁多了一个“小耙子”关联图标，表示这条信号线上的信号名称关联了信号对象。

保存文件后再次进行代码生成，查看代码生成报告，如图 7.14 所示。可以看到，那几个晦涩难懂的结构体已经被具体的变量名取代了。

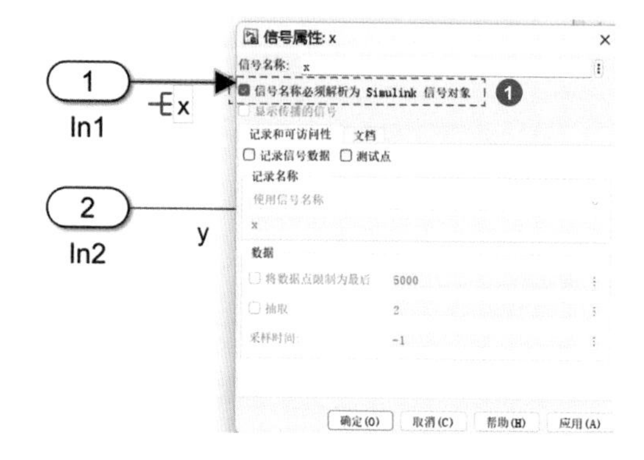

图 7.13　信号名称必须解析为 Simulink 信号对象

图 7.14　代码生成结果

如果没有勾选“仅生成代码”，使用编译功能会出现以下类似错误：

```
"C:\PROGRA~3\Matlab\SUPPOR~1\R2023b\3P778C~1.INS\MINGW_~1.INS\bin/
g++" -static -m64 -o ../xyzk.exe @xyzk.rsp -lws2_32
xyzk.obj:xyzk.c:(.rdata$.refptr.y[.refptr.y]+0x0): undefined
reference to `y'
xyzk.obj:xyzk.c:(.rdata$.refptr.x[.refptr.x]+0x0): undefined
reference to `x' collect2.exe: error: ld returned 1 exit status
mingw32-make: *** [xyzk.mk:306: ../xyzk.exe] Error 1
```

在“模型资源管理器”中，点击外观像矩阵的图标，如图 7.15 所示，给字典数据增加参数 k，初值设为 2；“代码生成存储类型”设为 Exported Global。为避免重复定义，删除 Matlab 工作区的变量 k。保存模型文件，生成代码，查看代码报告，如图 7.16 所示。

但是 k=2 这个数容易掉电丢失，我们希望参数 k 在标定中不会改变。

如图 7.17 所示，我们把 k 的存储类改成 ConstVolatile，再次生成代码，如图 7.18 所示。

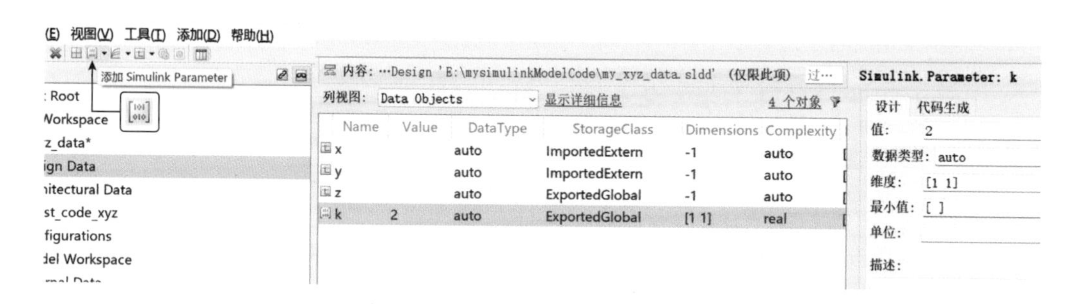

图 7.15　添加参数 k

Code
- 主文件
  - ert_main.c
- 模型文件
  - my_first_code_xyz.c
  - my_first_code_xyz.h
  - my_first_code_xyz_priv
  - my_first_code_xyz_type
- 实用工具文件
  - rtwtypes.h

```
my first code xyz.c ▼  搜索
29  /* Real-time model */
30  static RT_MODEL_my_first_code_xyz_T my_first_code_x
31  RT_MODEL_my_first_code_xyz_T *const my_first_code_x
32
33  /* Model step function */
34  void my_first_code_xyz_step(void)
35  {
36    /* Abs: '<Root>/Abs' incorporates:
37     *  Gain: '<Root>/Gain'
38     *  Inport: '<Root>/In1'
39     *  Inport: '<Root>/In2'
40     *  Sum: '<Root>/Sum'
41     */
42    z = fabs((x - y) * k);
43  }
```

图 7.16　添加参数 k 后的代码生成

内容：…/Design 'E:\mysimulinkModelCode\xyzk_data.sldd'（仅限此项）　过…

列视图：Data Objects　显示详细信息　4 个对象

Name	Value	DataType	StorageClass	Dimensions	Complexi
x		auto	ImportedExtern	-1	auto
y		auto	ImportedExtern	-1	auto
z		auto	ExportedGlobal	-1	auto
k	2	auto	ConstVolatile	[1 1]	real

图 7.17　参数 k 的存储类修改

图 7.18　参数 k 存储类修改后的代码生成

这样得到的算法函数就清晰了，我们可以在中断中调用 my_first_code_xyz_step() 函数，例如：

```
ISR_time_10ms(){
  X=read_AD0();
  Y=read_AD1();
  my_first_code_xyz_step();
  PWM_output();
}
```

代码生成的存储类

Matlab2023b 的代码生成的存储类有十多个类型可选，如图 7.19 所示，这里对部分类型做简单介绍。

ExportedGlobal 的字面意思是将其输出为全局变量，在 Simulink 代码生成中进行全局变量的定义。在“.c”文件内定义的，在对应的“.h”中用 extern 关键字对定义变量进行外部声明。也就是说，只要别的 C 文件包含了这个 demo.h，就可以给定义变量这个全局变量赋值。

ExportedGlobal 适用于 Outport 的信号线，因为 Inport 的输入量一般是别的模型产生的，Outport 是自己的模型产生的。

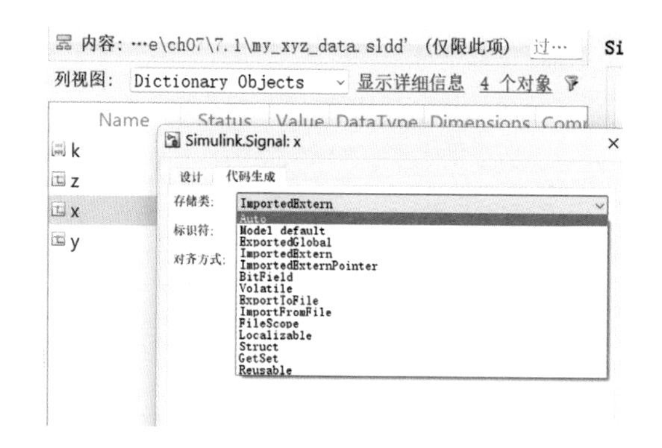

图 7.19　存储类的类型

ImportedExtern 的字面意思是这个变量是外部引入的，在 Simulink 代码生成中只声明，不定义。Step 函数中用到了这个变量，但是并没有在本文件中定义它。打开 private.h 可以看到，这个头文件中外部声明了这个变量。也就是说，别的文件中定义了这个变量。这个选项适用于输入端口的代码生成。

Volatile 的字面意思是可变的，选了它会多出 3 个用户参数。

- HeaderFile 指的是头文件，如 my_header1.h，变量的外部声明就在这。
- DefinitionFile 指的是 C 文件，如 my_adjust1.c，变量的定义在这个 C 文件中。
- Owner 指的是定义变量的人员名称，可以不填。

这里要注意，变量被 volatile 修饰，也就是告诉编译器：这个变量的值要从内存（RAM）中读取。

但是，进行标定量定义的时候，一般还要加上 const 关键字，以免程序其他地方修改这个变量值。生成 const 这个关键字，可以通过脚本替换，也可以通过自定义 storageclass 类型来实现。

FileScope 用于生成静态全局变量，只在本文件内调用，不可以在模型 Root 层级使用。

模块之间的接口配置，尤其要注意数据类型和存储类，二者影响生成代码中的变量的声明。

Matlab 函数代码生成的限制很多，如不支持动态内存分配、不支持元胞数组等。另外，也有很多 Matlab 函数和工具包不能生成代码，具体可以参照 Matlab Function 中右上角的帮助文件。

7.2　函数名称与引用参数

尝试修改 7.1 节所述的函数名称。选择菜单栏的“C 代码→代码接口→个体元素代码映射”，下方便会显示“代码映射 – 组件接口”页面，如图 7.20 所示。

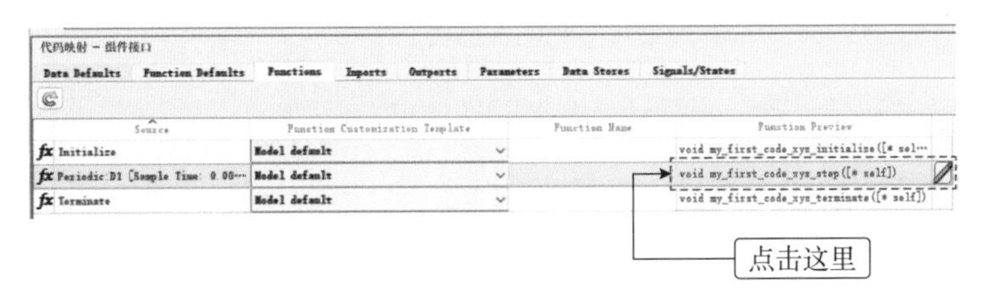

图 7.20　代码映射 – 组件接口

点击 void my_first_code_xyz_step（[*self]），按照图 7.21 设定。

❶ C Step 函数名称：设定为 error_xyz。

❷ 为单步函数原型配置参数：勾选。

❸ 获取默认值：点击。

❹ C 标识符名称：in1 值为 in_x、in2 值为 in_y、out 指针为 out_z。

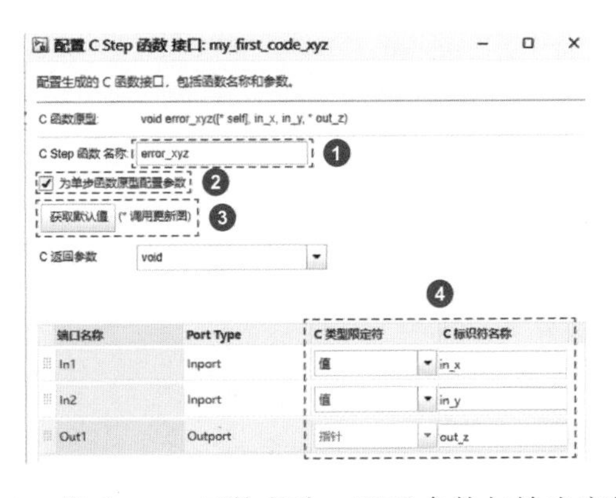

图 7.21　修改 Step 函数名称、配置参数与输出变量设置

修改后的函数名称和标识符如图 7.22 所示。

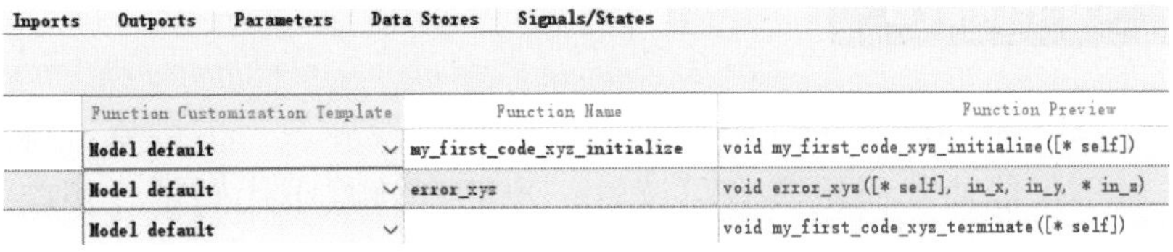

Inports　Outports　Parameters　Data Stores　Signals/States

Function Customization Template	Function Name	Function Preview
Model default	my_first_code_xyz_initialize	void my_first_code_xyz_initialize([* self])
Model default	error_xyz	void error_xyz([* self], in_x, in_y, * in_z)
Model default		void my_first_code_xyz_terminate([* self])

图 7.22　修改后的代码映射 – 组件接口

生成代码，结果报错：无法使用函数原型控制，因为连接到端口 In1 的信号的存储类不是 Auto。

将 in_x、in_y、out_z 的存储类型全部改为 Auto 后再次生成代码，函数名称已经变为 error_xyz，函数的参数分别是 in_x、in_y、out_z。

```
/* Model step function */
void error_xyz(real_T in_x, real_T in_y, real_T *out_z)
{
  /* Outport: '<Root>/Out1' incorporates:
   *  Abs: '<Root>/Abs'
   *  Gain: '<Root>/Gain'
   *  Inport: '<Root>/In1'
   *  Inport: '<Root>/In2'
   *  Sum: '<Root>/Sum'
   */
  *out_z = fabs((in_x - in_y) * k);
}
```

此时，可以将引用参数名称设定为 x、y、z，如图 7.23 所示。

生成代码，结果如图 7.24 所示。

端口名称	Port Type	C 类型限定符	C 标识符名称
In1	Inport	值	x
In2	Inport	值	y
Out1	Outport	指针	z

图 7.23 修改 C 标识名称

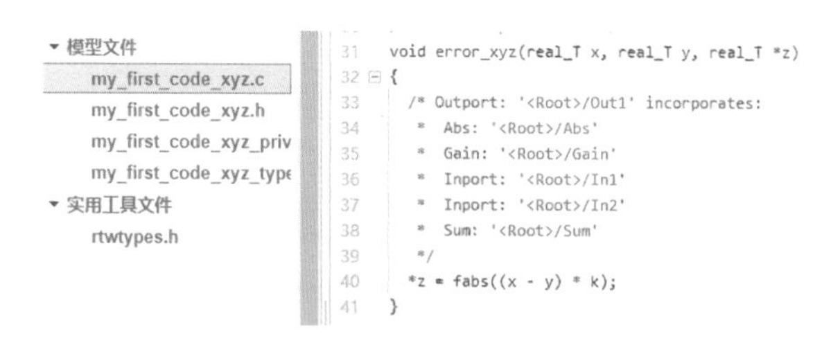

图 7.24 包含引用参数和输出变量的代码生成结果

7.3 代码调用

对于反复使用的同一个代码片段，可以将它提炼为一个函数，以便直接调用。这样做不仅能使代码更具有可读性，也能有效减小代码量。相应的，可以将重复使用的模块配置成原子子系统（atomic subsystem），生成一个单独的文件，供 Step 函数调用。原子子系统可以设置一些生成代码的属性，如可重用和不可重用函数、函数名和源文件名设置等。

以 7.1 节的模型 my_first_code_xyz.slx 为例，进行代码调用操作。首先，选中算法涉及的所有模块，如图 7.25 所示。然后，右键选择“基于所选内容创建子系统（C）”，结果如图 7.26 所示。

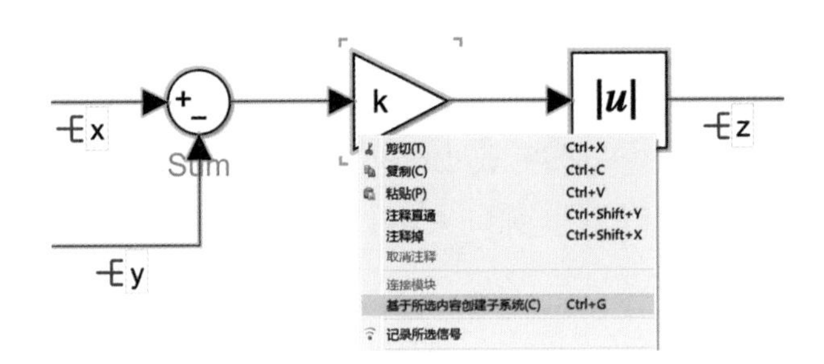

图 7.25 选中模块

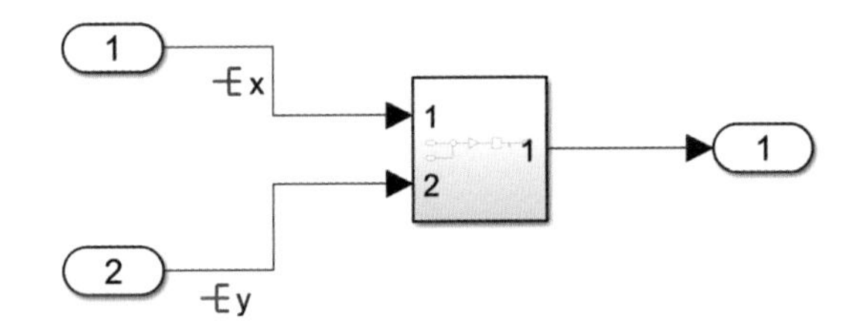

图 7.26 模块封装

设定可重用函数名称和文件名

右键点击封装模块，选择“模块参数（Subsystem）（P）”，如图 7.27 所示，勾选 ❶“视为原子单元”，然后点击 ❷“代码生成”标签。

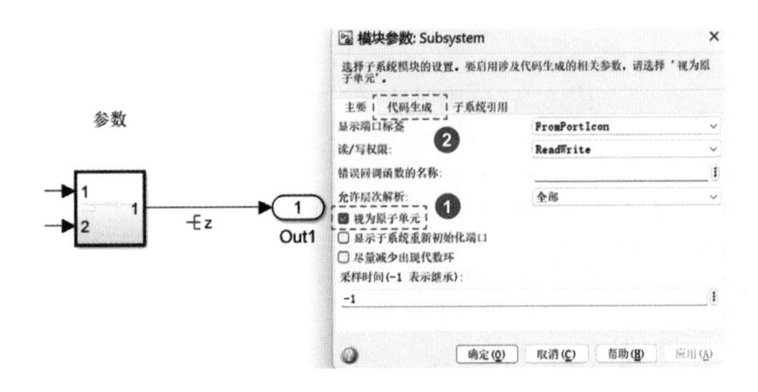

图 7.27 Subsystem 模块参数修改

按照图 7.28 设定，根据自己的喜好设置函数名称和文件名，这里均设为 my_error_xyz。

图 7.28　修改函数名称和文件名

❶ 函数打包：可重用函数。

❷ 函数名称选项：用户指定。

❸ 函数名称：my_error_xyz。

❹ 文件名选项：用户指定。

❺ 文件名称：my_error_xyz。

x、y、z 的信号数据类型均为 auto，数据字典如图 7.29 所示，若看不到 DataType 和 StorageClass 标签栏，可以调整窗口大小，然后左右拖动标签。生成代码，代码报告如图 7.30 所示。

列视图：Data Objects　显示详细信息　4 个对象

Name	Value	DataType	StorageClass	Dimensions	Complexi
x		auto	ImportedExtern	-1	auto
y		auto	ImportedExtern	-1	auto
z		auto	ExportedGlobal	-1	auto
k	2	auto	ConstVolatile	[1 1]	real

图 7.29　数据字典的内容

图 7.30　代码生成的新函数名称

生成代码的 Step 函数中多了一个调用函数 my_error_xyz，系统多了一个子系统文件 my_error_xyz.c。子系统文件如图 7.31 所示。

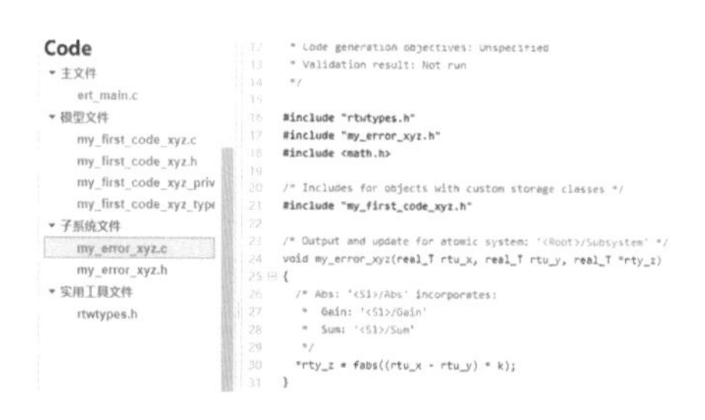

图 7.31　代码生成的可重用函数

Step 函数代码如下。

```
/* Model step function */
void my_first_code_xyz_step(void)
{
  /* Outputs for Atomic SubSystem: '<Root>/Subsystem' */
  /* Inport: '<Root>/In1' incorporates:
   *  Inport: '<Root>/In2'
   */
  my_error_xyz(x, y, &z);
  /* End of Outputs for SubSystem: '<Root>/Subsystem' */
}
```

可重用函数代码如下。

```
/* Output and update for atomic system: '<Root>/Subsystem' */
void my_error_xyz(real_T rtu_x, real_T rtu_y, real_T *rty_z)
{
 /* Abs: '<S1>/Abs' incorporates:
  *  Gain: '<S1>/Gain'
  *  Sum: '<S1>/Sum'
  */
 *rty_z = fabs((rtu_x - rtu_y) * k);
}
```

为Step函数设置引用参数

点击代码映射 – 组件接口中的 my_first_code_xyz_step 函数名称，如图 7.32 所示。

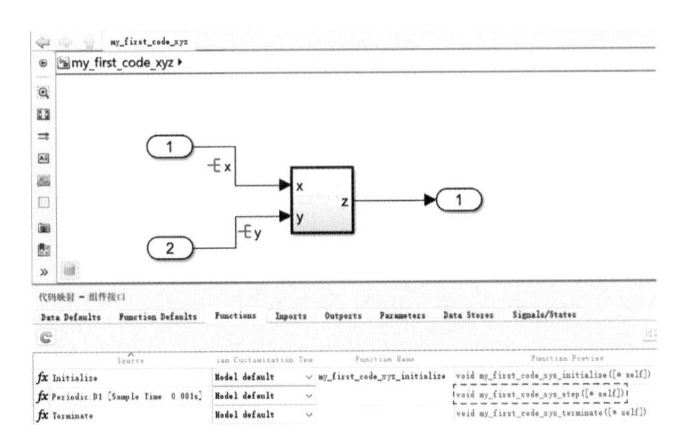

图 7.32　设置返回参数

按照图 7.33 设定，使设置生效，保存模型文件，再次生成代码。

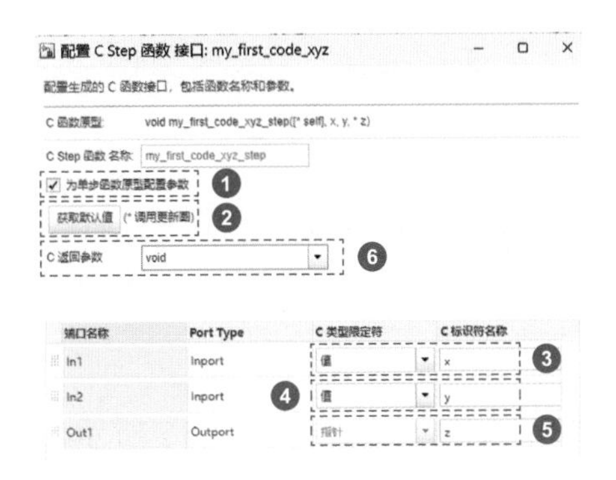

图 7.33　配置 C Step 接口设置引用参数

❶ 勾选“为单步函数原型配置参数”。

❷ 点击获取默认值。

❸ In1 C 标识符名称设定：x。

❹ In2 C 标识符名称设定：y。

❺ Out1 C 标识符名称设定：z。

❻ C 返回参数选择“Out1”。

由于系统报错，遂将信号 x、y、z 的存储类修改为 Auto，如图 7.34 所示。

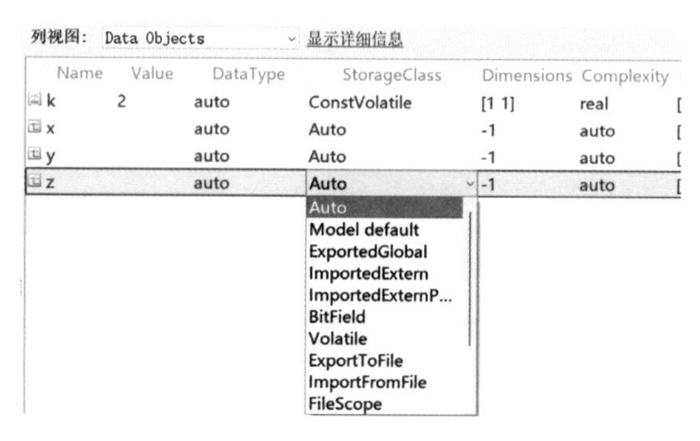

图 7.34　修改信号存储类

生成代码如下。

```
/* Model step function */
real_T my_first_code_xyz_step(real_T x, real_T y)
{
 /* specified return value */
 real_T z;
 /* Outputs for Atomic SubSystem: '<Root>/Subsystem' */
 /* Outport: '<Root>/Out1' incorporates:
  *  Inport: '<Root>/In1'
  *  Inport: '<Root>/In2'
  */
 z = my_error_xyz(x, y);
 /* End of Outputs for SubSystem: '<Root>/Subsystem' */
 return z;
}
```

这里 x、y、z 还可以修改为指定的其他符号，如 a、b、c。

复制模块

复制所有的模块，并排放在下面，如图 7.35 所示。

按照图 7.36 设定，修改信号线和端口名称。在数据字典里增加信号 x1、y1，如图 7.37 所示。

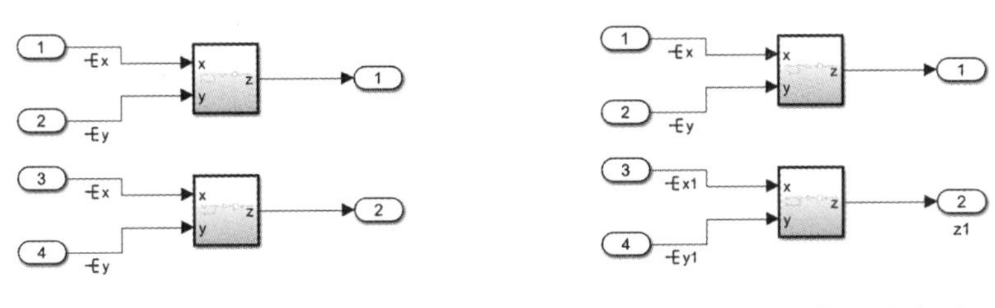

图 7.35 复制模块　　图 7.36 修改信号线名称

内容: …kModelCode\code_generation3\my_xyz_data.sldd' (仅限此项) 过…

列视图: Data Objects 显示详细信息 6 个对象

Name	Value	DataType	StorageClass	Dimensions	Complexi
k	2	auto	ConstVolatile	[1 1]	real
x		auto	Auto	-1	auto
y		auto	Auto	-1	auto
z		auto	Auto	-1	auto
x1		auto	Auto	-1	auto
y1		auto	Auto	-1	auto

图 7.37 数据字典增加 x1、y1

生成代码如下。

```
/* Model step function */
real_T my_first_code_xyz_step(real_T a, real_T b, real_T *arg_Out2,
real_T
 *arg_In4, real_T *arg_In3)
{
 /* specified return value */
 real_T c;
 /* Outputs for Atomic SubSystem: '<Root>/Subsystem' */
 /* Outport: '<Root>/Out1' incorporates:
  *  Inport: '<Root>/In1'
  *  Inport: '<Root>/In2'
  */
 c = my_error_xyz(a, b);
 /* End of Outputs for SubSystem: '<Root>/Subsystem' */
 /* Outputs for Atomic SubSystem: '<Root>/Subsystem1' */
 /* Outport: '<Root>/z1' incorporates:
  *  Inport: '<Root>/In3'
  *  Inport: '<Root>/In4'
  */
 *arg_Out2 = my_error_xyz(*arg_In3, *arg_In4);
 /* End of Outputs for SubSystem: '<Root>/Subsystem1' */
 return c;
}
```

从代码来看，数据字典中的信号对函数接口无影响。打开“代码映射 – 组件接口”，点击函数名称 my_first_code_xyz_step，如图 7.38 所示，生成代码的参数与此处 C 标识符名称是一样的，说明组件接口设置起作用了。

按照图 7.39 修改 C 标识符名称，生成代码如下。

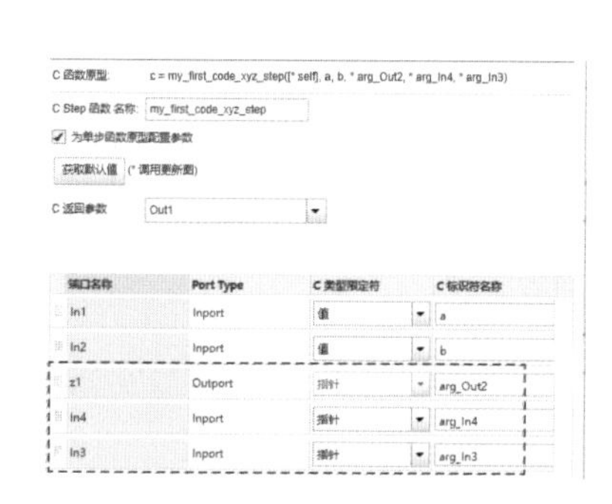

图 7.38　C Step 函数接口

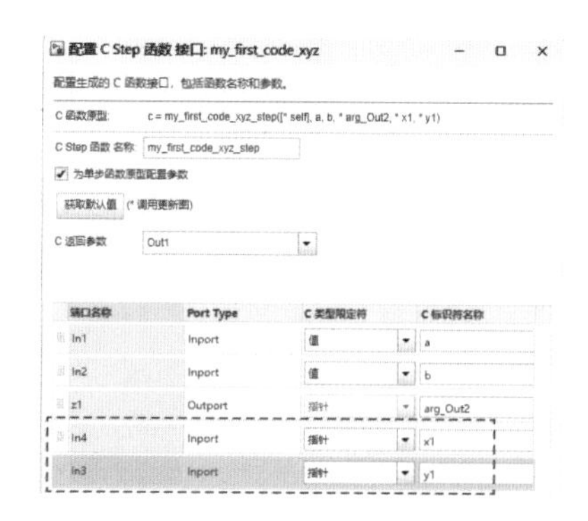

图 7.39　配置 C Step 函数接口

```
/* Model step function */
real_T my_first_code_xyz_step(real_T a, real_T b, real_T *arg_Out2,
real_T *x1,
 real_T *y1)
{
 /* specified return value */
 real_T c;
 /* Outputs for Atomic SubSystem: '<Root>/Subsystem' */
 /* Outport: '<Root>/Out1' incorporates:
  *  Inport: '<Root>/In1'
  *  Inport: '<Root>/In2'
  */
 c = my_error_xyz(a, b);
 /* End of Outputs for SubSystem: '<Root>/Subsystem' */
 /* Outputs for Atomic SubSystem: '<Root>/Subsystem1' */
 /* Outport: '<Root>/z1' incorporates:
  *  Inport: '<Root>/In3'
  *  Inport: '<Root>/In4'
  */
 *arg_Out2 = my_error_xyz(*y1, *x1);  ⟵
 /* End of Outputs for SubSystem: '<Root>/Subsystem1' */
 return c;
}
```

如图 7.40 所示，生成代码的 C Step 函数名称是可以更改的。将端口 z1 的 C 标识符名称改为 z1，生成代码如下。

```
/* Model step function */
real_T my_first_code_xyz_step(real_T a, real_T b, real_T *x1, real_T`
*y1, real_T *c)
{
  /* specified return value */
  real_T z1;
  /* Outputs for Atomic SubSystem: '<Root>/Subsystem' */
  /* Outport: '<Root>/Out1' incorporates:
   *  Inport: '<Root>/In1'
   *  Inport: '<Root>/In2'
   */
  *c = my_error_xyz(a, b);
  /* End of Outputs for SubSystem: '<Root>/Subsystem' */
```

图 7.40 配置 C Step 函数接口返回参数

```
  /* Outputs for Atomic SubSystem: '<Root>/Subsystem1' */
  /* Outport: '<Root>/z1' incorporates:
   *  Inport: '<Root>/In3'
   *  Inport: '<Root>/In4'
   */
  z1 = my_error_xyz(*x1, *y1);
  /* End of Outputs for SubSystem: '<Root>/Subsystem1' */
  return z1;
}
real_T my_error_xyz(real_T rtu_x, real_T rtu_y)
{
  /* Abs: '<S1>/Abs' incorporates:
   *  Gain: '<S1>/Gain'
   *  Sum: '<S1>/Sum'
   */
  return fabs((rtu_x - rtu_y) * k);
}
```

要注意的是，输出端口可以有多个，但是返回参数只能选一个。

在模型设计过程中，同样的原子子系统的输入输出类型应保持一致，以有效降低代码量。在接口类型不同的情况下，强制指定原子子系统对应函数的名称，会导致代码生成报错。

7.4 条件代码

汽车控制器的开发过程复杂，通常涉及大量 Simulink 模型。一个项目中可能包含上百个组件，而有些组件可能有近千个软件单元。因此，有效地管理这些模型及其代码和定标数据显得尤为重要。

这里以 Variant Subystem（变体模块）为例介绍条件代码，如图 7.41 所示。该模块位于 Simulik 库浏览器中的“Simulik → Port & Subsysystems”下。

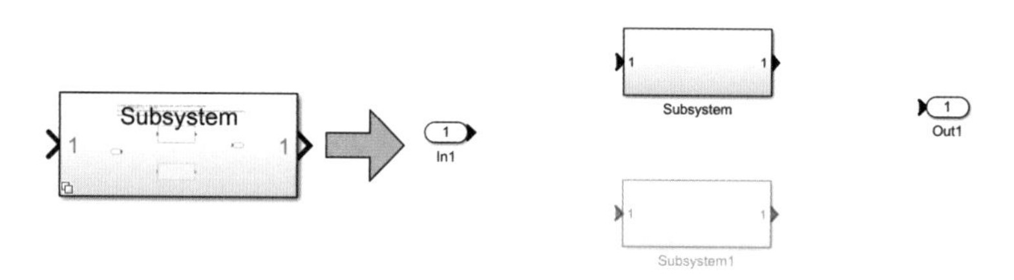

图 7.41　Variant Subystem 中的内容

利用变体模块，可以对具备多种配置的汽车系统（如传统汽车、油电混合动力车、纯电动汽车）进行模型设计。尽管这些配置在某些方面存在相似之处，但在油耗、电机类型或排放标准等属性上可能有所不同。为了简化开发过程，可以将这些不同的配置作为单个模型中的多个变体选择项来表示，从而避免为每个具体配置单独建立模型。

变体模块可以通过判断条件，内部执行不同的逻辑，也能以宏的形式生成代码。

继续使用 7.1 节的模型 my_first_code_xyz.slx，在模型中加入变体模块（Variant Subystem）。双击打开模块，如图 7.41 所示。

将计算偏差的算法模块剪切到 Subsystem 中，如图 7.42 所示。然后，复制同样的算法模块到 Subsystem1 中，如图 7.43 所示。分别设置输入模块和输出模块的名称，将 Subsystem1 中 sum 模块的运算规则改为“|++”，模型另存为 my_first_code_xyz_subsystem.slx。

要注意的是，Subsystem 和 Subsystem1 模块输入侧的不同信号线的名称不

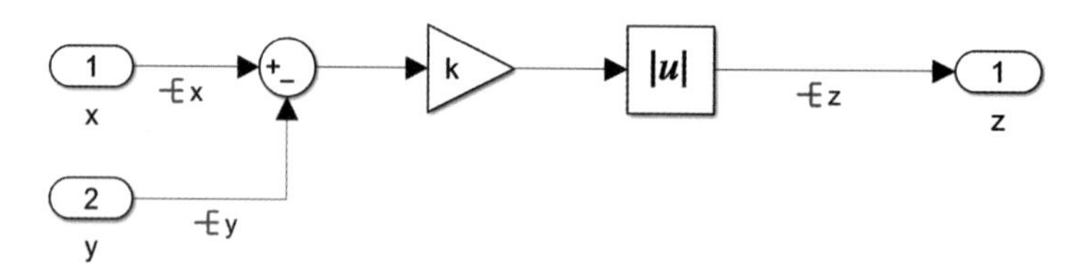

图 7.42　Variant Subystem 中 Subsystem 模块的内容

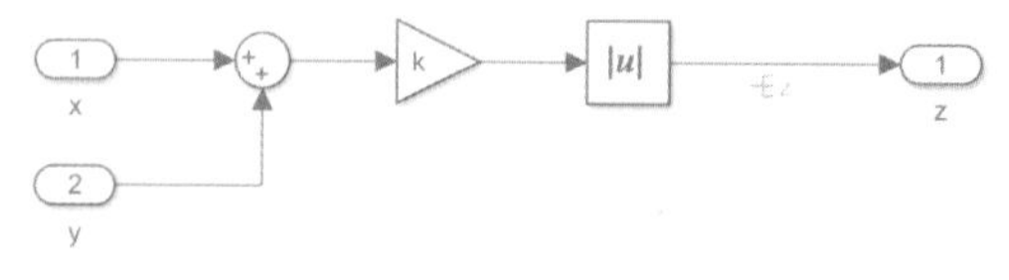

图 7.43　Variant Subystem 中 Subsystem1 模块的内容（当前模块处于未激活状态）

能一样，两个模块的输入输出端口名称必须相同。为此，我们修改 Subsystem 的端口和信号线名称，删除了 Subsystem1 中的信号线 x 和 y，如图 7.43 所示。对应数据字典如图 7.44 所示。

列视图：Data Objects　显示详细信息　3 个对象

Name	Value	DataType	StorageClass	Dimensions	Complexi
x		auto	ImportedExtern	-1	auto
y		auto	ImportedExtern	-1	auto
z		auto	ExportedGlobal	-1	auto

图 7.44　Variant Subystem 示例的数据字典

将子系统端口数量、名称，变体模块端口数量、名称修改一致。将变体模块 ❶ 输入端口命名为 x，新增 ❷ 输入端口命名为 y，修改 ❸ 输出端口命名为 z，如图 7.45 所示。此时 Subsystem 和 Subsystem1 的端口名称也自动保持一致。

右键点击模块 Subsystem，选择“模块参数（Subsystem）（P）”，勾选“视为原子单元”。然后，对 Subsystem1 执行同样的设置。

如图 7.46 所示，点击 ❶my_first_code_xyz_subsystem，回到模型顶层，增加 ❷ 输入模块 2 个，❸ 输出模块 1 个，分别与 Variant Subystem 的 x、y、z 连接。

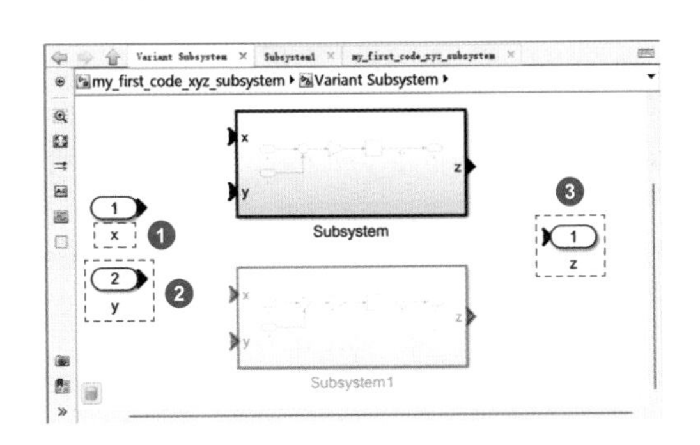

图 7.45　Subsystem 处于激活状态

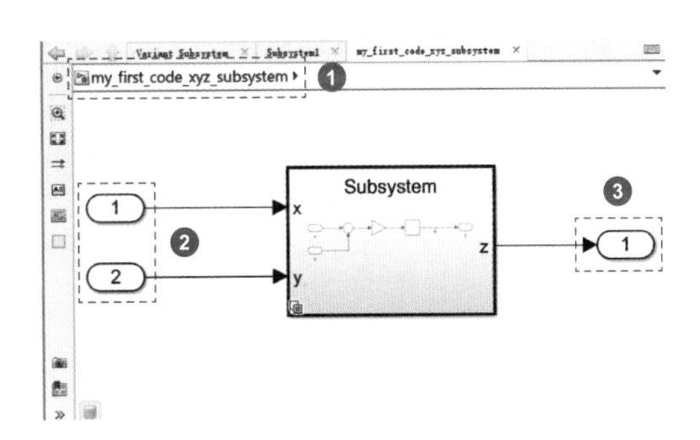

图 7.46　Variant Subystem

右键点击 Variant Subsystem，选择“模块参数（Subsystem）（P）”，两个子系统的控制表达式如图 7.47 所示：Subsystem1 表达式为 false，Subsystem 表达式为 true。

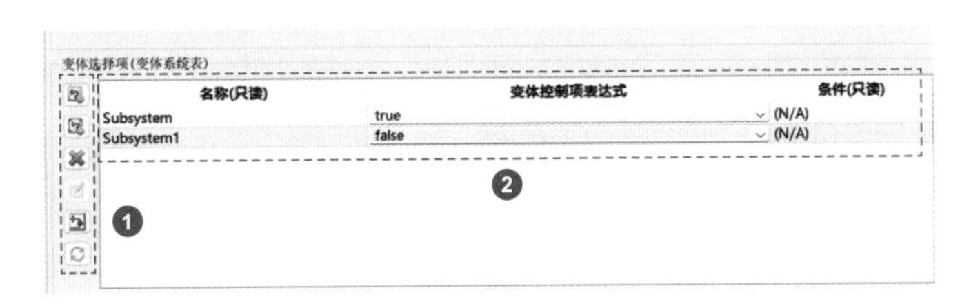

图 7.47　子系统的控制表达式

图 7.47 左侧是 ❶ 一列按钮，上方第 1 个按钮用来在可变子系统内建立子系统，第 2 个按钮用来编辑激活子系统的条件，第 3 个用来删除所选变体项，第 4 个用来创建 / 编辑所选变体表达式，第 5 个用来打开变体模块，第 6 个用来更新信息列表。

按钮列右侧是 ❷ 列表框，第 1 列是模块的名称，第 2 列“变体控制项表达式”表示“条件”的“变体表达式”，其内部包含一个“条件”判断，“条件”即第 3 列参数。由用户指定一个逻辑表达式，如 duty==0，当“条件”满足时，此“条件”所对应的子系统会被激活。在“变体控制项表达式”编辑结束时，“变体表达式”会自动创建到 Matlab 工作区，图 7.47 中的“变体表达式”分别是 true 和 false。

我们更改 Subsystem1 的“变体表达式”为 true，Subsystem 的“变体表达式”为 false，如图 7.48 所示，对应的激活模块为 Subsystem1，其边框加粗，而 Subsystem 模块变成灰色。

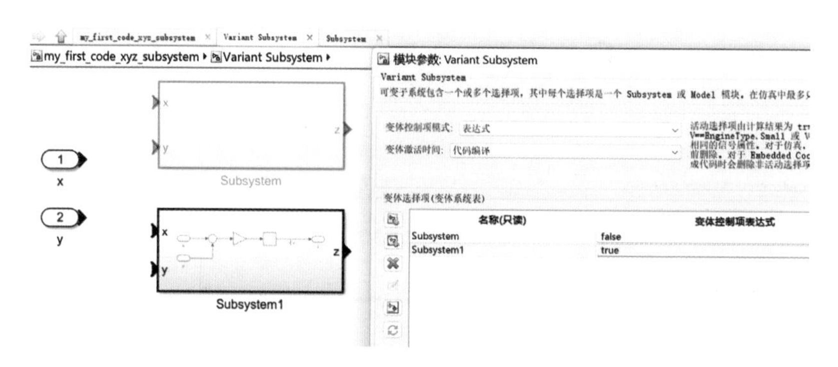

图 7.48　Variant Subsystem 的变体选择项激活 Subsystem1

激活预处理器条件句的代码生成，条件如下。

- 在“配置参数”对话框中，选择“代码生成→系统目标文件”中的 ert.tlc（Embedded Coder 目标）。
- 在 Variant Subsystem 的“模块参数”对话框中，将“变体激活时间”设为“代码编译”，如图 7.49 所示。

这里，“变体控制项表达式”使用一个简单的变量比较，type==1 与 type==2 分别对应 Subsystem 和 Subsystem1，如图 7.50 所示。

随后，在 Matlab 工作区设置变量 type=1，进行代码生成。如果报错，可以检查“数据字典→ Design Data”，修改存储类型。

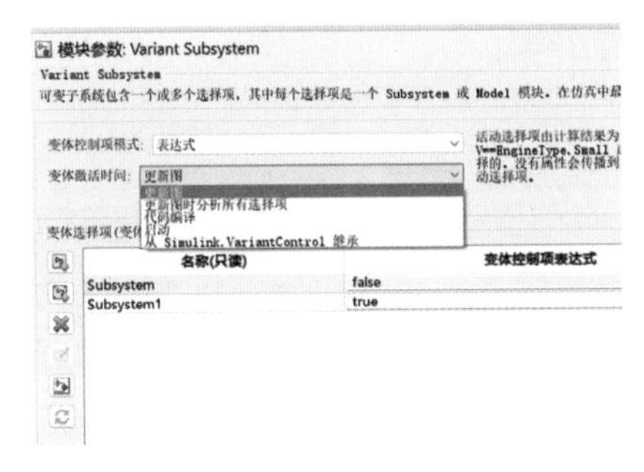

图 7.49 Variant Subsystem 模块：变体激活时间

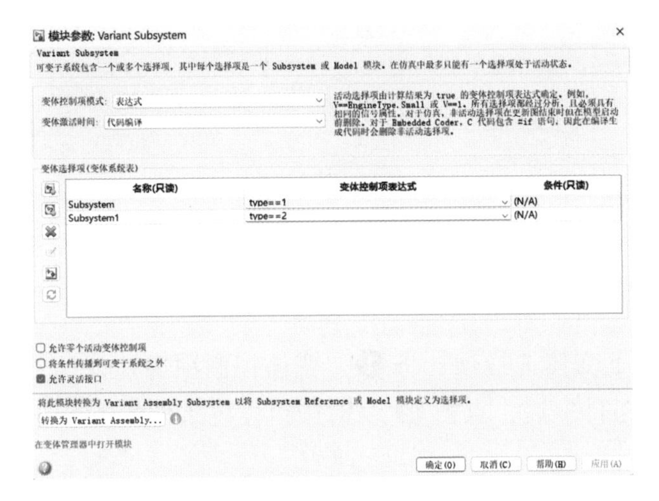

图 7.50 Variant Subsystem 模块：变体控制项表达式

```
>> type=1

/* Model step function */
void my_first_code_xyz_subsystem_step(void)
{
 /* Outputs for Atomic SubSystem: '<Root>/Variant Subsystem' */
#if type == 1
 /* Outputs for Atomic SubSystem: '<S1>/Subsystem' */
 /* VariantMerge generated from: '<S1>/z' incorporates:
  *  Abs: '<S2>/Abs1'
  *  Gain: '<S2>/Gain1'
  *  Inport: '<Root>/In1'
  *  Inport: '<Root>/In2'
  *  Sum: '<S2>/Sum1'
  */
 z = fabs((x - y) * 2.0);
 /* End of Outputs for SubSystem: '<S1>/Subsystem' */
#elif type == 2
 /* Outputs for Atomic SubSystem: '<S1>/Subsystem1' */
 /* VariantMerge generated from: '<S1>/z' incorporates:
  *  Abs: '<S3>/Abs1'
  *  Gain: '<S3>/Gain1'
  *  Inport: '<Root>/In1'
```

```
  *  Inport: '<Root>/In2'
  *  Sum: '<S3>/Sum1'
  */
 z = fabs((x + y) * 2.0);
 /* End of Outputs for SubSystem: '<S1>/Subsystem1' */
#endif
 /* End of Outputs for SubSystem: '<Root>/Variant Subsystem' */
}
```

如果 type=2，点击运行，可以看到 Subsytem1 被激活，如图 7.51 所示。

```
>> type=2
```

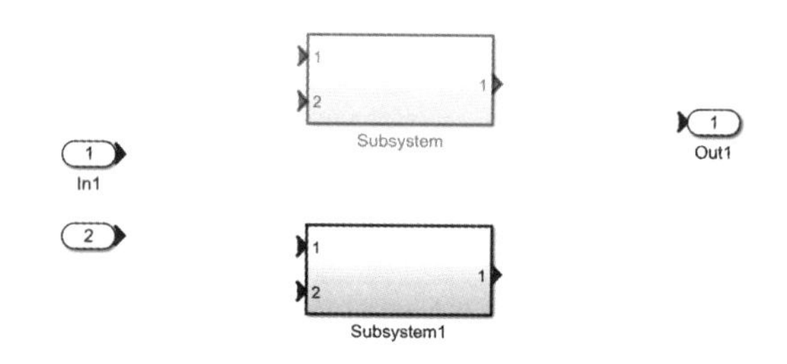

图 7.51　Subsytem1 被激活

我们更改一下变体选择项，将 ❶ “变体控制项表达式”分别设定为 top 和 bottom，选择“条件”后，点击 ❷ 编辑按钮设定条件为 type==1 和 type==2，如图 7.52 所示。

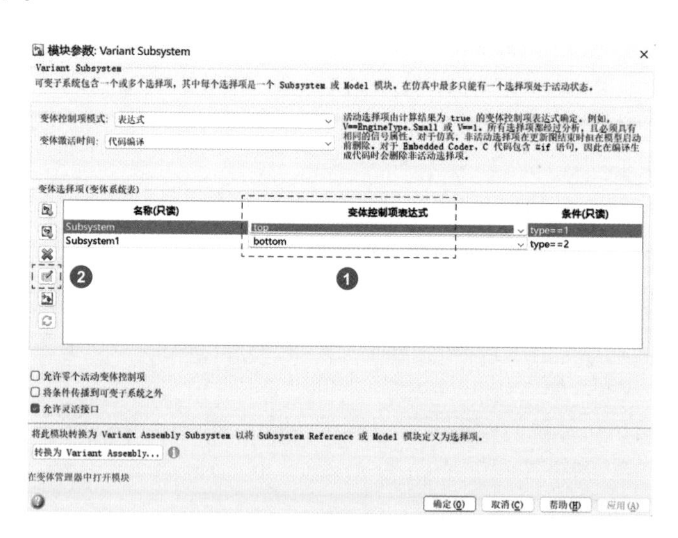

图 7.52　变体选择项的修改

“变体控制项表达式”设定完后，能够看到 top 和 bottom 作为变体表达式也出现在数据字典里，如图 7.53 所示。

在与模型文件同一个目录下建立一个头文件 my_macro.h，里面只写入一条语句：

```
#define type 1
```

按照图 7.53 设定数据字典。

❶ 增加参数 type，初值为 1，数据类型为 int32。

❷ 参数 type 代码生成的存储类为 ImportedDefine。

❸ 自定义属性 HeaderFile 设定为 my_macro.h。

❹ 增加参数 k，初值为 2，数据类型为 auto，存储类为 ConstVolatile。

图 7.53 数据字典

如图 7.54 所示，右键点击左侧数据字典名称 my_xyz_data，选择“保存更改”，名称右上方的“*”就会消失。

选择菜单栏的“仿真→保存”，保存更改的模型，生成代码。

注意，在数据字典里设定 k 和 type 后，要清除 Matlab 工作区的变量 k 和 type。

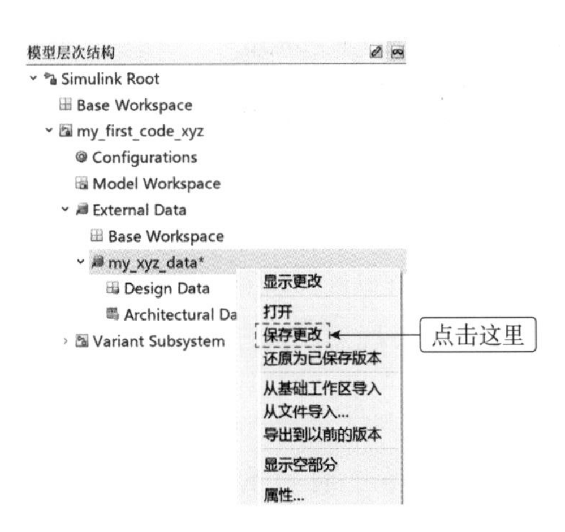

图 7.54 数据字典保存更改

```
#if bottom || top
const volatile real_T k = 2.0;          /* Referenced by:
                                         * '<S2>/Gain'
                                         * '<S3>/Gain'
                                         */
#endif
/* Model step function */
void my_first_code_xyz_step(void)
{
 /* Outputs for Atomic SubSystem: '<Root>/Variant Subsystem' */
#if top
 /* Outputs for Atomic SubSystem: '<S1>/Subsystem' */
 /* VariantMerge generated from: '<S1>/z' incorporates:
  *  Abs: '<S2>/Abs'
  *  Gain: '<S2>/Gain'
  *  Inport: '<Root>/In3'
  *  Inport: '<Root>/In4'
  *  Sum: '<S2>/Sum'
  */
 z = fabs((x - y) * k);
 /* End of Outputs for SubSystem: '<S1>/Subsystem' */
#elif bottom
 /* Outputs for Atomic SubSystem: '<S1>/Subsystem1' */
 /* VariantMerge generated from: '<S1>/z' incorporates:
  *  Abs: '<S3>/Abs'
  *  Gain: '<S3>/Gain'
  *  Inport: '<Root>/In3'
  *  Inport: '<Root>/In4'
  *  Sum: '<S3>/Sum'
  */
 z = fabs((x + y) * k);
 /* End of Outputs for SubSystem: '<S1>/Subsystem1' */
#endif
 /* End of Outputs for SubSystem: '<Root>/Variant Subsystem' */
}
```

7.5 BLDC启动代码生成

Matlab 的 Embedded Coder 提供的支持包，有助于自动代码生成、执行和验证。本节内容主要介绍了如何使用 Embedded Coder® Support Package for STMicroelectronics STM32 Processors 这一工具包，针对 STM32F4xx 系列微控制器，设计启动模型，旨在实现 BLDC 启动代码的生成。

BLDC 启动系统方案如图 7.55 所示，要点说明如下。

❶ Simulink 生成启动代码，通过 ST-LINK 连接到微控制器，烧录代码（需要 STM32CubeProgrammer 软件）。需要对应的硬件配置文件（由 STM32CubeMX 生成）。

❷ 微控制器读入模拟电压信号，输出 PWM 信号。

❸ PWM 连接至驱动板的驱动输入管脚。

❹ 驱动板上的模拟电压信号连接至微控制器。

❺ 驱动板为无刷电机三相全桥驱动板。

❻ 微型 BLDC。

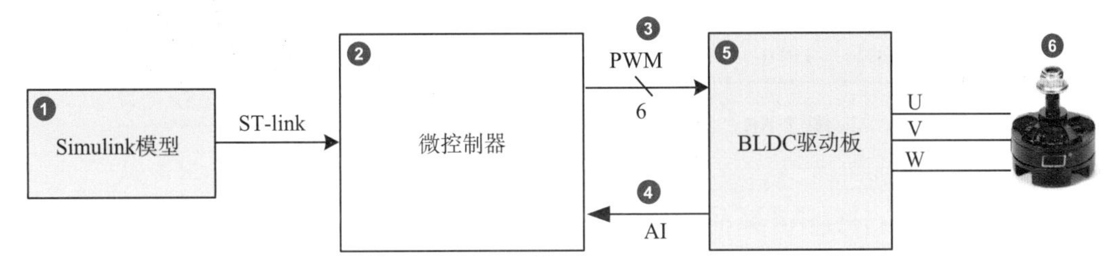

图 7.55　BLDC 启动系统结构示意图

所需硬件

笔者为撰写本书所准备的主要硬件如下。

- 具备过载保护的可调直流稳压稳电源（提供 DC12V）。
- STM32F407 开发板（支持 ST-LINK）。
- ST-LINK 编程器。
- BLDC 驱动板：配备全 N 沟道 MOSFET 三相全桥功率电路；配备集成功率驱动电路，MOSFET 驱动 IC 的驱动电压由集成电荷泵升压提供；有 2 路高速电流放大器，支持高速无感 FOC；2.54mm 间距插针的可插拔式微控制器扩展板（6PIN × 4），方便更换不同微控制器的学习和对比。
- 微型 BLDC（型号为 MT2204-2300KV）。
- 示波器。

开发板与驱动板的电气连接如图 7.56 所示。开发板输出 6 路 PWM 信号分别连接驱动板的 AH ~ CL 端子，用于控制 MOSFET 驱动电路。

同时，开发板上的 LED1 ~ LED3 是指示灯，它们代表着 6 步运行的不同阶段。驱动板 Vpot 端子输出一个由可调电阻分压的模拟电压，作为 BLDC 的启动信号。此外，两块板的 GND（地线）连接在一起，保证基准电位相同。

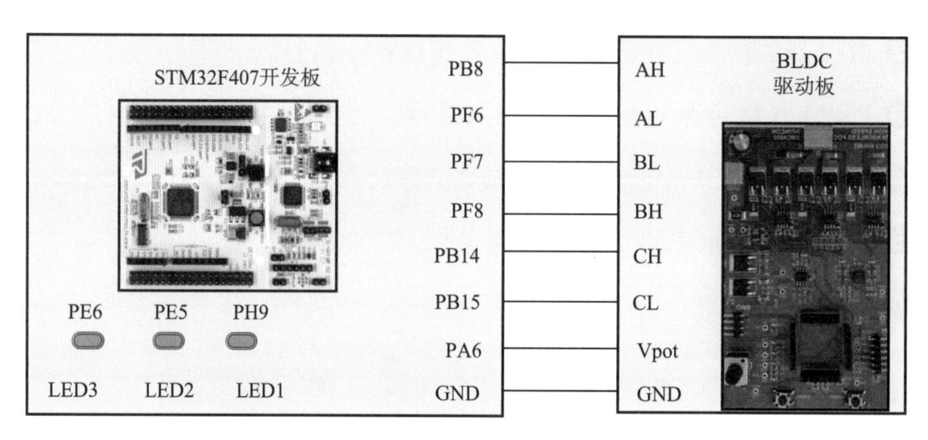

图 7.56　开发板与驱动板的电气连接原理图

STM32CubeMX硬件配置

Simulink 代码生成需要结合硬件配置文件，通常是根据硬件设计，使用 STM32CubeMX 软件来进行硬件配置和生成硬件初始化代码。结合 BLDC 驱动板，开发板管脚设置见表 7.3。

表 7.3　STM32F407 开发板管脚设置

管　脚	功　能	模　式	标　签
PB8	PWM	T4CH3	AH
PF8	PWM	T13CH1	BH
PB14	PWM	T12CH1	CH
PF6	Output	Output Push Pull	AL
PF7	Output	Output Push Pull	BL
PB15	Output	Output Push Pull	CL
PH9	Output	Output Push Pull	LED1
PE5	Output	Output Push Pull	LED2
PE6	Output	Output Push Pull	LED3
PA6	AIN	IN6	

笔者使用 STM32CubeMX 建立的硬件配置文件名为“simulink_3pwm-H_L_on.ioc”，该文件就是 Simulink 模型的目标硬件资源（Target hardware resources）文件。定时器和工程管理部分要点如下。

（1）TIM4，设定 Channel3 为 PWM 输出通道，包含以下配置内容。

· Prescaler（PSC-16 bits value）：4，预分频器数值。

· Counter Mode：Up，计数模式，向上计数。

· Counter Period（AutoReload Register-16 bits value）：999 自动重装值，即计数器周期。

· Pulse（16 bits value）：9，占空比数据，此处相当于占空比为 9/(999+1) = 0.1%，也可以设定为 0。

· 中断设置允许。

· User Label：AH。

时钟系统配置 HCLK 为 168MHz，TIM4 输出 PWM 频率计算：

$$
\begin{aligned}
f_{\mathrm{pwm}} &= \mathrm{InternalClock/(PSC+1)/CounterPeriod} \\
&= \mathrm{InternalClock/(PSC+1)/(ARR+1)} \\
&= 84\mathrm{MHz}/(5 \times 1000) = 16.8\mathrm{kHz}
\end{aligned}
$$

TIM4 输出 PWM 占空比计算：

$$
D_{\mathrm{pwm}} = \mathrm{Pulse/CounterPeriod} = \mathrm{Pulse/(ARR+1)} = 9/1000 = 0.9\%
$$

TIM4 输出 PWM 信号分辨率：Resolu = 1/(ARR+1) = 0.001。

（2）TIM12，设定通道 1 输出 PWM，管脚配置与 TIM4 相同，TIM12 中断配置为允许，User Labe 配置为 CH。

（3）TIM13，设定通道 1 输出 PWM（PWM Generation CH1，其他配置与 TIM12 相同，TIM13 中断也配置为允许，User Label 配置为 BH。

（4）Project Manager，工程设定。

Project：工程部分。

· Project Name：确保工程名称不能有中文字符。

· Project Location：确保工程保存路径不能有中文字符。

· Toolchain Folder Location: 工具链文件夹位置，默认即可。

· 勾选“Do not generate the main()”，即不要生成 main 函数。

· 不选“Generate under root”。

Code Generator：代码生成部分。

· 勾选“copy only the nessary library files”，拷贝必要文件。

· 勾选“Generate peripherial initialization as a pair of '.c/.h' files per peripheral”，生成 .c 和 .h 文件。

· 勾选 “Keep User Code when re-generating” 。

· 勾选 “Delete previously generated files when not re-generated” 。

· HAL Setting 选项全部不选。

Advanced Setting：高级设定。

· Driver selector：均为 LL（low level）。

· Do Not Generate Function Calls：均不勾选。

· Visibility (Static)：均不勾选。

所需软件

软件配置流程如图 7.57 所示。

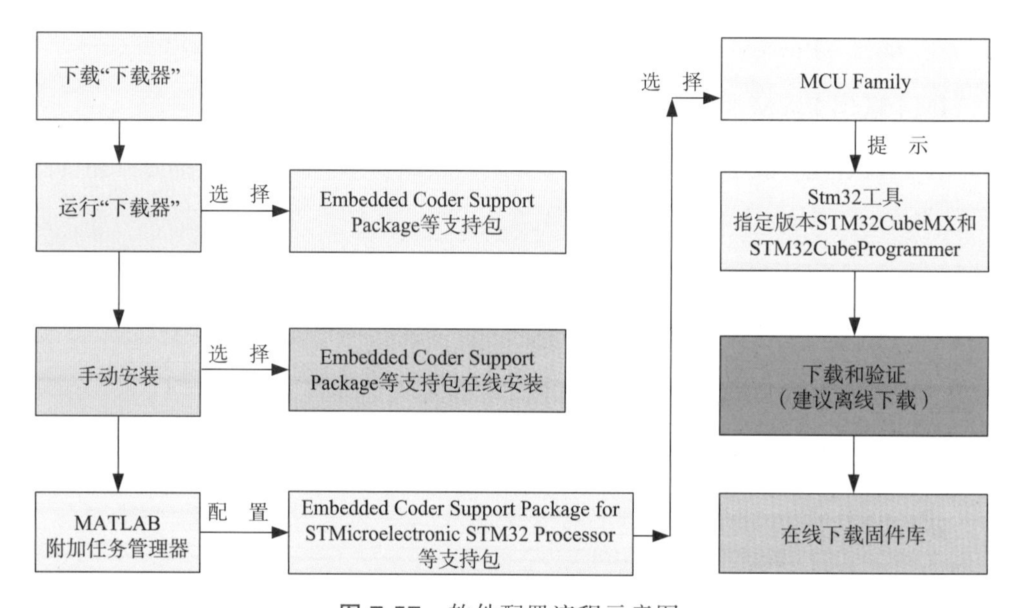

图 7.57　软件配置流程示意图

作者使用的 Matlab 版本是 2023b，硬件支持包和 STM32 固件库以在线方式安装，工具软件 STM32CubeMX 和 STM32CubeProgrammer 则以离线方式安装。

注意：以上所有的软件安装目录不能包含中文字符。

首先下载“下载器”软件[1]，以便在线安装硬件支持包。

1）https://ww2.mathworks.cn/support/install/support-software-downloader.html.

运行“下载器”软件（自解压运行，需要登录 MathWorks 网站账号，请提前注册），选择 Matlab 版本，然后选择要下载的支持包（如 Embedded Coder Interface to QEMU Emulator、Embedded Coder Support Package for ARM Cortex-M、Embedded Coder Support Package for STMicroelectronics STM32 Processors），选择下载路径，一直点“下一步”，直到开始下载。建议不要更改默认支持包路径。

下载完毕后，勾选“打开下载文件夹”选项，依次打开 mathworks 文件夹下的 R2023b（版本名称）文件夹、archives 文件夹，记住它们的地址（如“C:\Users\Administrator\Matlab\SupportPackages\R2023b\”，这里临时用符号 folder_t 表示，后面会用到）。

在资源管理器中找到 Matlab 安装路径下的“install_supportsoftware.exe”路径，如图 7.58 所示。然后，按快捷键 Win+R，运行命令 cmd，打开 Windows 命令提示行，如图 7.59 所示。

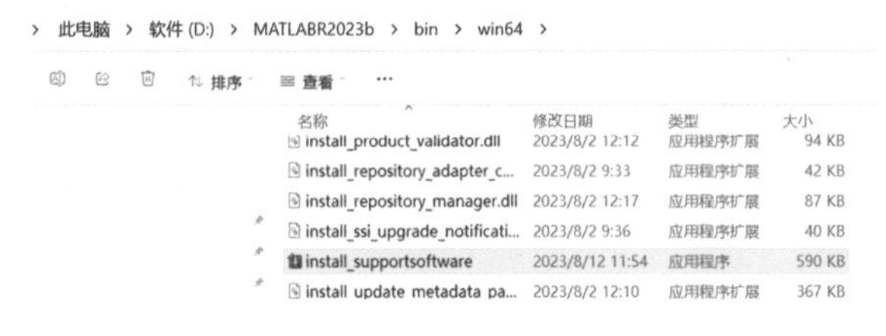

图 7.58 离线安装包路径示意图

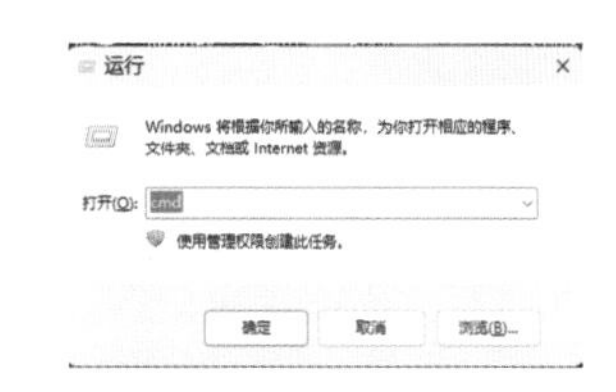

图 7.59 Win+R 的运行界面

手动输入并执行下列命令，以切换到该 Matlab 安装路径下：

```
cd D:\MatlabR2023b\bin\win64
```

手动执行安装，以命令提示行的方式输入并执行下列命令，如图 7.60 所示。

```
install_supportsoftware.exe -archives folder_t
```

其中，“folder_t”即 archives 文件夹的地址（C:\Users\Administrator\Matlab\SupportPackages\R2023b\）。

图 7.60 手动执行安装命令

等待 Matlab 执行命令（耐心等待几分钟），在弹出的窗口中勾选需要的硬件支持软件包，接受许可协议后就开始自动安装（其间会再次需要输入 mathworks 网站注册的用户名和密码）。

点击 Matlab 菜单栏的“附加功能→管理附加功能”，打开附加功能管理器界面如图 7.61 所示，点击“Embedded Coder Support Package for STMicroelectronic STM32 Processor”后面的齿轮图标，对其进行配置（QEMU 和 Cortex-R 等支持包类似）。

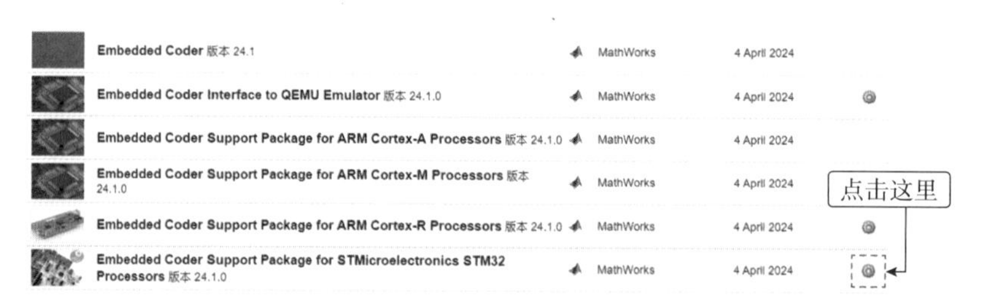

图 7.61　Matlab 的附加任务管理器（已经安装了 Embedded Coder 及若干个支持包）

进入 MCU Family 选择，如图 7.62 所示，笔者所用开发板的微控制器为 STM32F407，这里勾选“STM32F4xx Based MCUs”，建议只选择特定的内容以减少存储空间和等待时间。

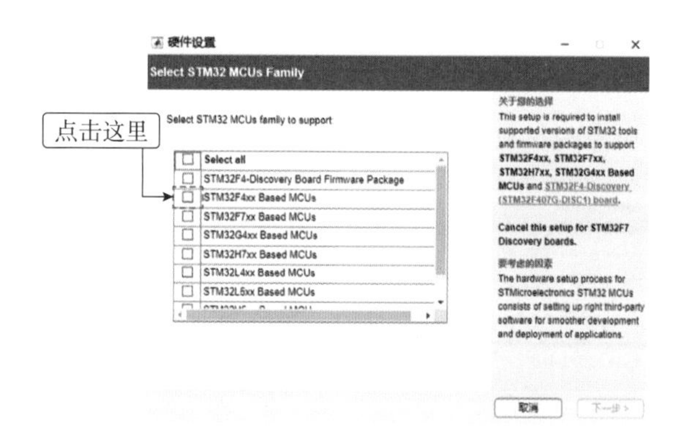

图 7.62　STM32 的硬件固件库选择

如图 7.63 所示，提示需要安装的 STM32 工具（注意安装的版本号不要更改），点击“下一步”。

STM32 工具软件 STM32CubeMX 和 STM32CubeProgrammer 可以自行在其他网址离线下载安装，但是版本号一定要与图中的版本号一致，否则报错导致校验失败。STM32 工具软件安装完后，回到这里继续下一步。

对 STM32CubeMX 进行配置。选择软件实际安装位置，如图 7.64 所示。点击“Validate”进行验证。中途可能弹出窗口（可以无视），点击“是”。等待验证完成后，点击“下一步”，完成 STM32CubeMX 配置。

对 STM32CubeProgrammer 进行配置。选择软件实际安装位置，如图 7.65

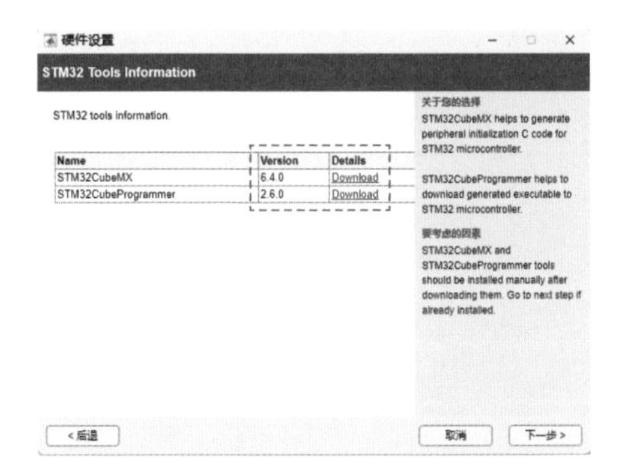

图 7.63 硬件支持包对应的 STM32 工具包

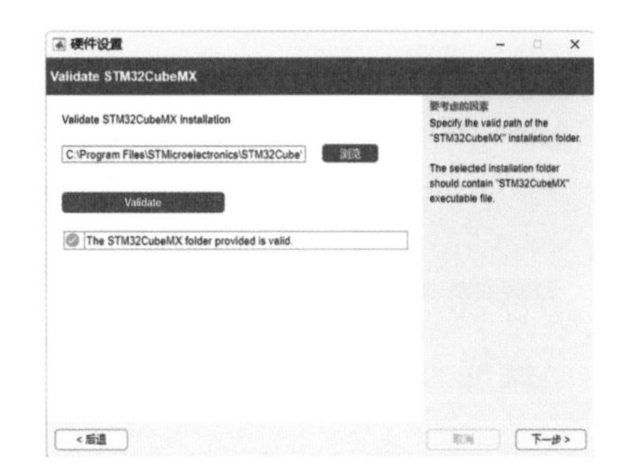

图 7.64 STM32CubeMX 的安装与校验

所示，点击“Validate”进行验证。等待验证完成后，点击“下一步”，完成 STM32CubeProgrammer 配置。

设置 STM32 固件库下载的存储位置，如图 7.66 所示，点击“下一步”继续。

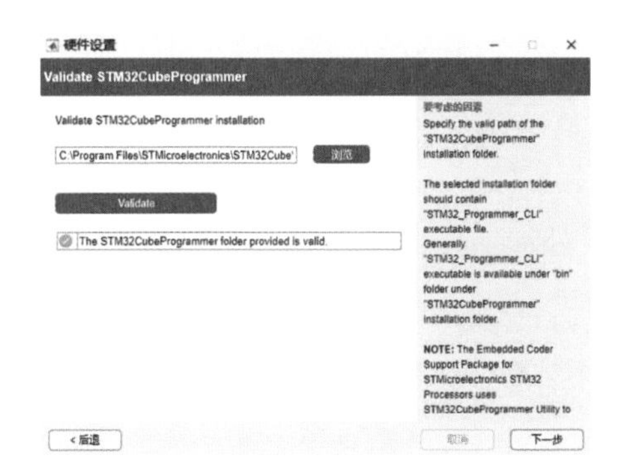

图 7.65 Matlab 的硬件支持包的 STM32CubeProgrammer 安装与校验

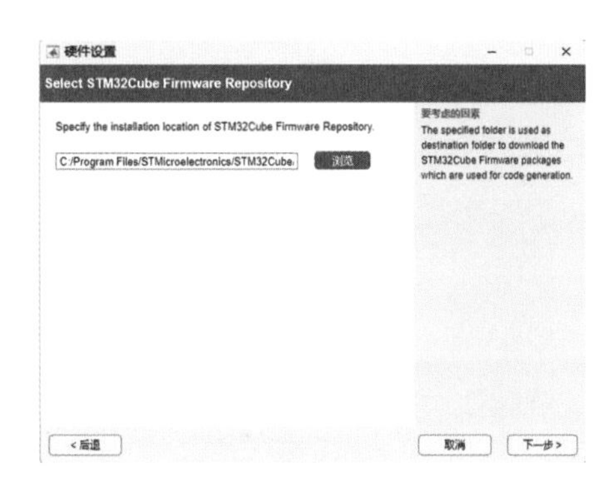

图 7.66 STM32 固件库存储位置设置

点击“Install”开始安装在线下载固件库，如图 7.67 所示，下载进程如图 7.68 所示。固件库安装完毕，如图 7.69 所示。

最终安装成功如图 7.70 所示。

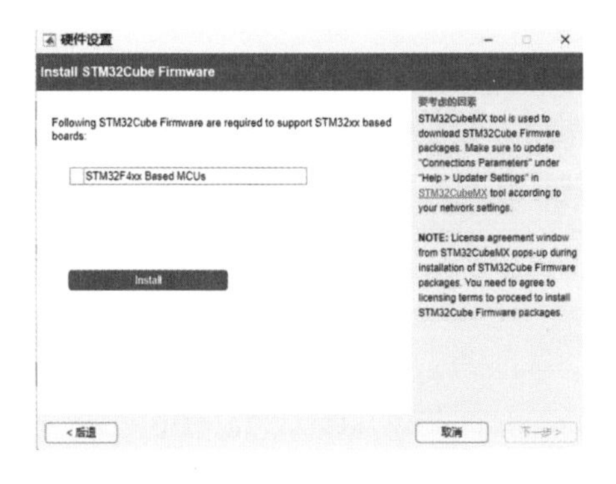

图 7.67 STM32 固件库安装

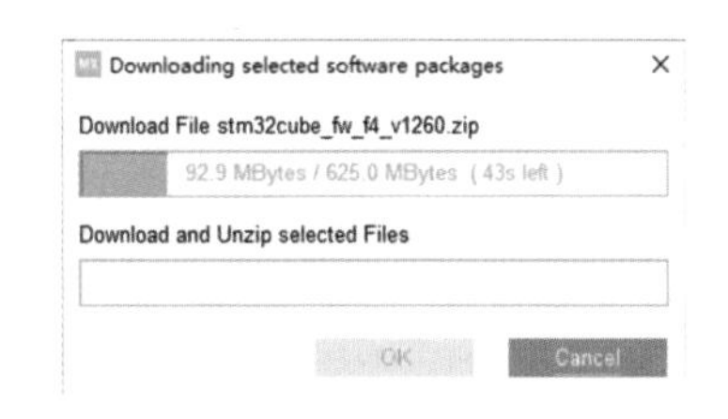

图 7.68 STM32 固件库下载和安装过程示意图

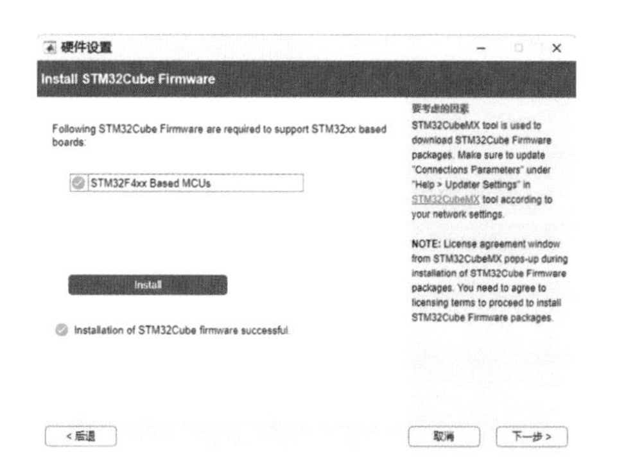

图 7.69　STM32 固件库安装完成

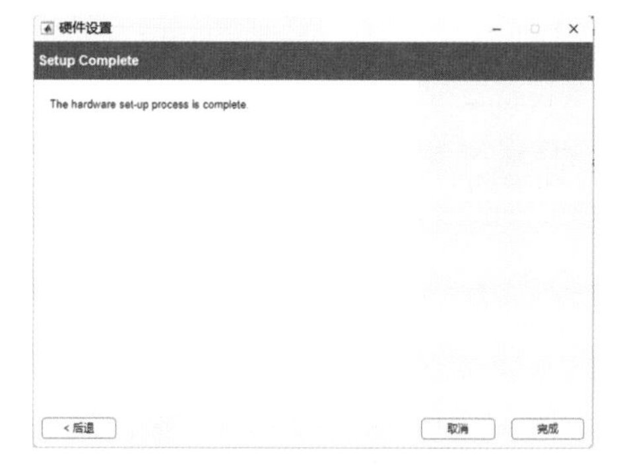

图 7.70　硬件支持包设置完成

硬件支持包设置完成，在 Matlab 的 Simulink 库浏览器中可以找到“Embedded Coder Support Package for STMicroelectronics STM32 Processors”工具箱，如图 7.71❶ 所示。

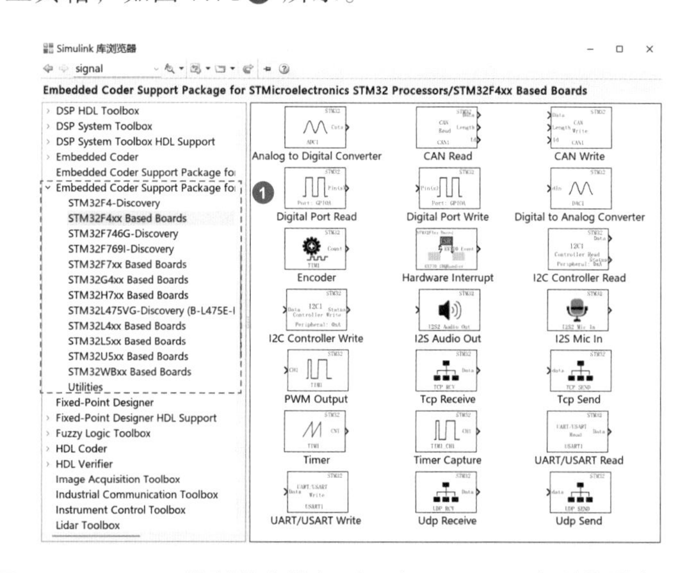

图 7.71　Matlab 的硬件支持包可以在 Simulink 库浏览器中查看

BLDC启动模型设计

设计目标是根据旋钮指令，控制定时器 PWM 通道和端口输出，实现上管 PWM、下管导通的驱动信号，通过六步换相依次给三相绕组通电，实现 BLDC 的启动。

新建模型并创建全局变量

新建一个 Simulink 模型，保存为 six_step_key_start_stateflow.slx。

首先，创建 6 个全局变量 PWM_A_H、PWM_A_L、PWM_B_H、PWM_

B_L、PWM_C_H、PWM_C_L，用来控制 PWM 输出信号和 Output 信号（见表 7.3），如图 7.72 所示。

打开 Simulink 库浏览器，选择“Simulink → Signal Routing → Data Store Memory”模块并加入到模型中，并按照图 7.72、图 7.73 设定模块参数。

❶“主要→数据存储名称”：PWM_A_H（其他变量分别设定）。

❷“信号属性→初始值”：0。

❸“信号属性→数据类型”：boolean。

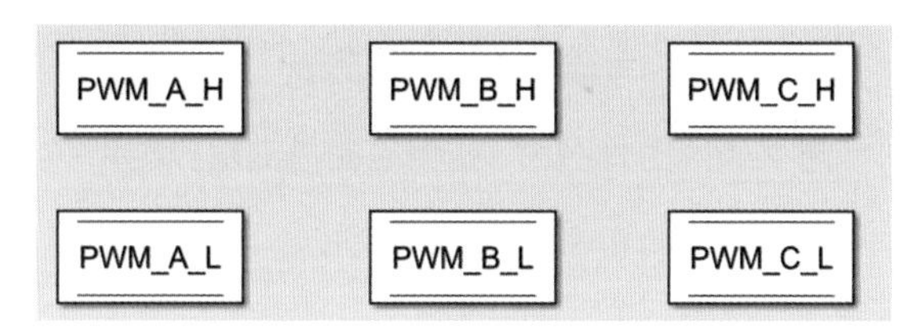

图 7.72　全局变量设置

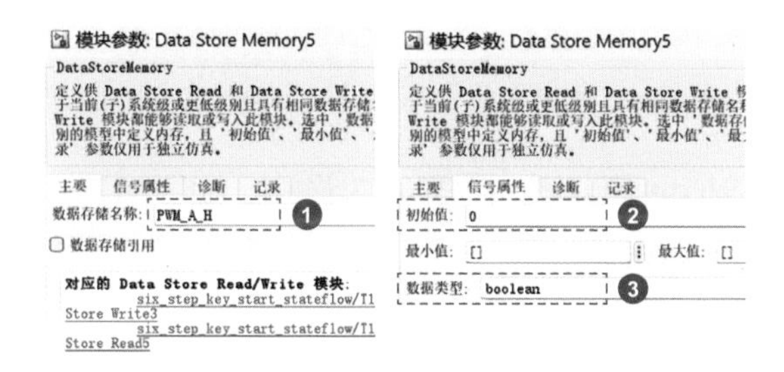

图 7.73　Data Store Memory 模块设置

BLDC 启动模型整体设计

模型整体如图 7.74 所示，ADC 读入模拟信号，通过 Matlab Function 模块转换为百分比信号。Matlab Function 模块一方面发送启动信号至 T1_3pwm_

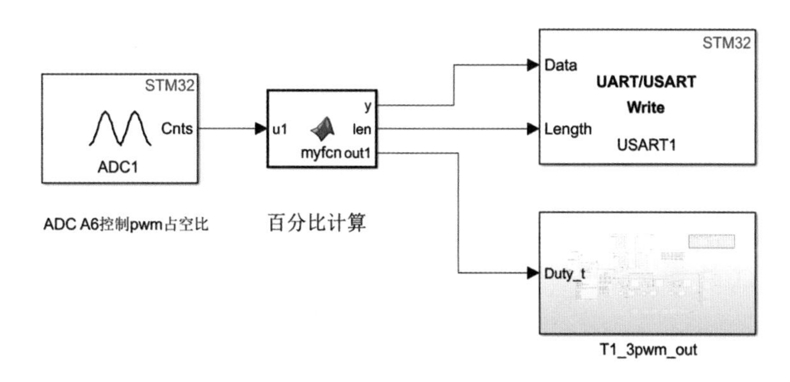

图 7.74　BLDC 启动模型整体设计

out 模块（封装后的自定义模块），另一方面发送 Data 和 Length 至 USART1 模块。串口发送模块用于调试（需 TTL 转 USB 模块和串口调试助手），不影响 BLDC 启动代码功能。T1_3pwm_out 模块根据占空比信号实现六步换相，驱动 LED，输出 6 个 PWM 控制信号。

图 7.75 所示为使用的 ADC1 模块、USART1 模块、Digital Port Write 模块、PWM Output 模块，均位于 Embedded Coder Support Package for STMicroelectronics STM32 Processors/STM32F4xx Based Boards 模型库中。

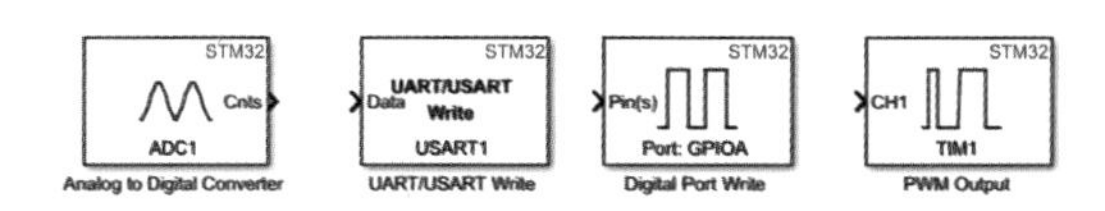

图 7.75 STM32F4xx Based Boards 模块

ADC 模块

ADC1 模块（Analog to Digital Converter）的设定如图 7.76 所示，保持默认参数即可。

USART 模块

UART/USART Write 模块按照图 7.77 设定，此时 USART 就会有 2 个输入端，分别是 Data 和 Length。

❶ UART/USART module：USART1。

❷ Specify length of input data to write：勾选。

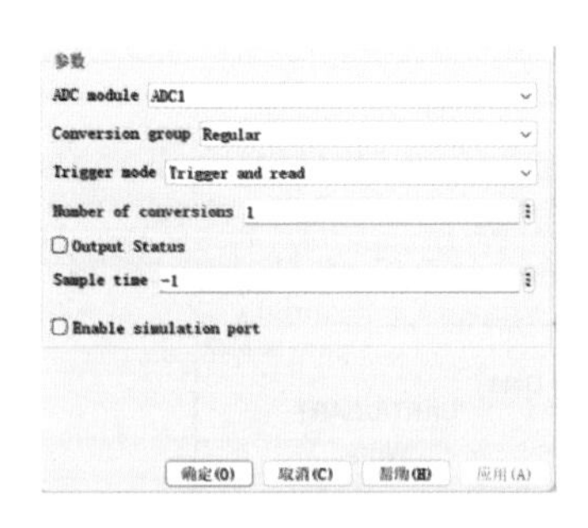

图 7.76 STM32F4xx Based Boards 的 ADC 模块设置

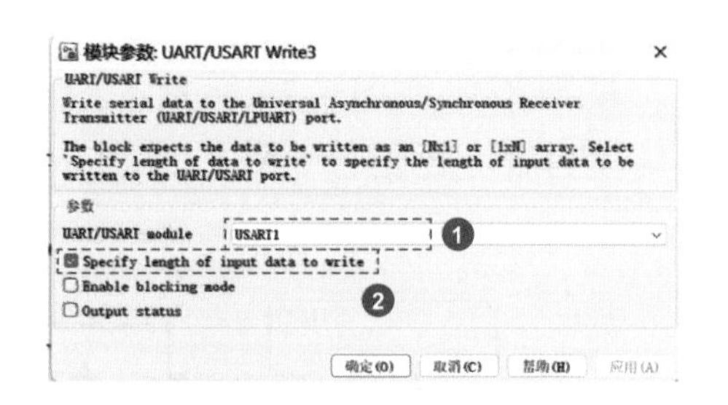

图 7.77 STM32F4xx Based Boards 的 USART 模块设置

占空比计算

使用“Simulink → User-Defined Functions”下的 Matlab Function 模块，如图 7.78 所示。

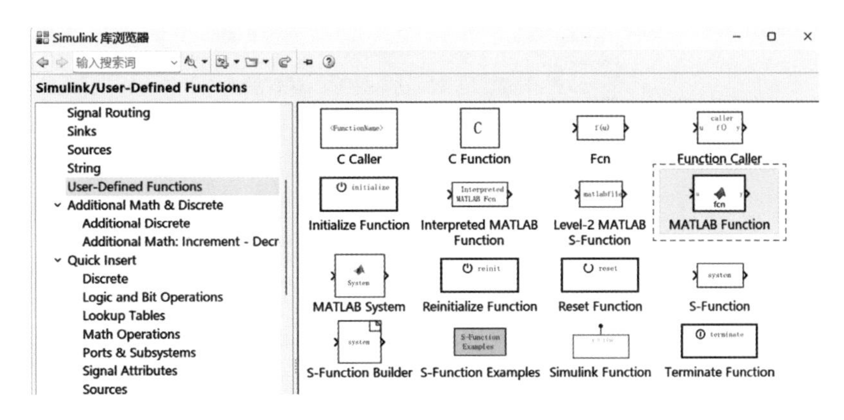

图 7.78 Matlab Function 模块

占空比计算代码如下。

```
function [y,len,out1]  = myfcn(u1)
    head=uint8([255 85]);% 帧头，可自定义
    % 注意，此处百分比未加限幅
    out1=uint8(double(u1)/4095*100)% 百分比，stm32f407 ADC 为 12bits，最
大值为 4095。
    y=[head,out1];
    len=uint16(length(y));
```

T1_3pwm_out 模块

该封装模块包括❶运行间隔模块、❷占空比输入模块、❸换相模块、❹LED 模块、❺FET 输出模块、❻定时器输出模块，如图 7.79 所示。

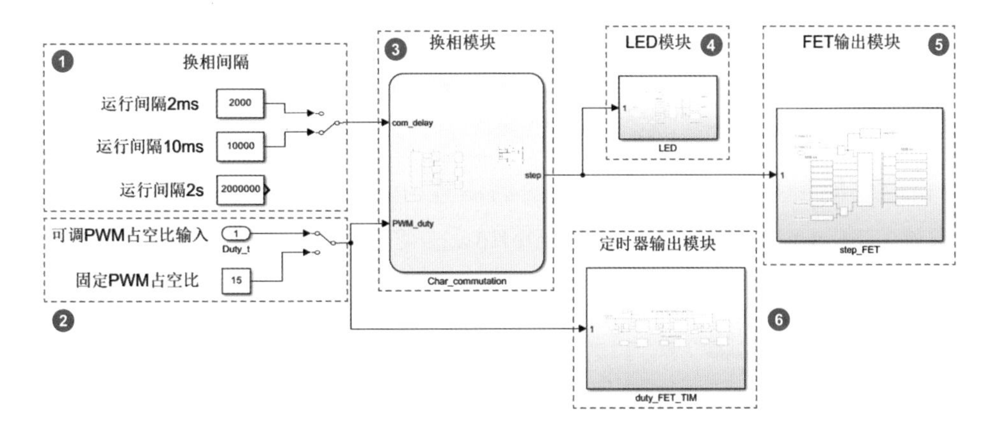

图 7.79 T1_3pwm_out 模块结构

● 运行间隔模块

运行间隔模块均为 Constant 模块，“信号属性”的“输出数据类型”为 uint32，如图 7.80 所示。运行间隔分别为 2ms、10ms、2s 的间隔，其中 2s 用于调试六步循环显示的正确性，10ms 和 2ms 用于启动测试。

图 7.80　Constant 模块设置

● 占空比输入模块

占空比输入模块通过开关切换为外部输入或固定占空比。如果使用外部输入，建议增加限幅模块（本次未添加）。简单起见，也可以直接使用固定占空比。固定占空比不要太大，否则容易造成过流——这里就能体现具备过载保护的稳压电源的重要性。

注意，实际运行代码驱动电机的时候，电机任一相绕组不能长时间保持通电，否则会烧坏电机。实际间隔时间建议最大不要超过 32ms，具体可以根据电机参数、电源电压、占空比等参数计算得出。

图 7.79 中❷的 Duty_1 为输入端，Duty_1 端口的 1 表示端口序号，不代表端口数据。

● 换相模块

Chart 模块用于描述状态之间的跳转关系，在汽车软件开发中很常用。在状态机中，需要定义状态、状态间跳转条件、输入输出及本地变量等。

换相模块使用基于状态图与流程图的编程方法建立六步启动模型，使用了 Chart 模块（“Simulink 库浏览器→ Stateflow → Chart 模块”），如图 7.81 所示。

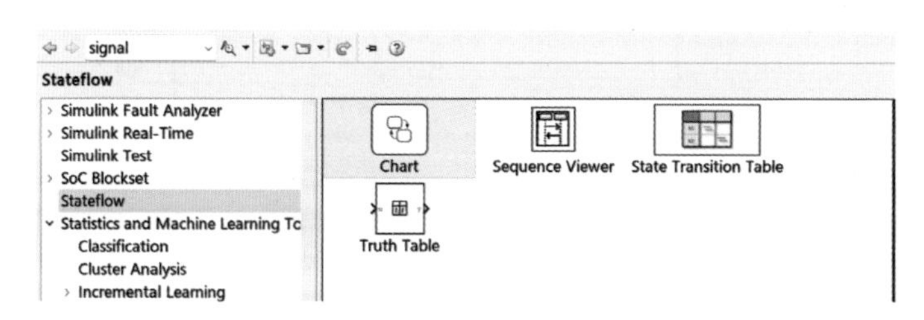

图 7.81　Chart 模块

将 Chart 模块加入到模型中，双击打开，会看到黄色背景的状态图编辑界面——画布，如图 7.82 所示。

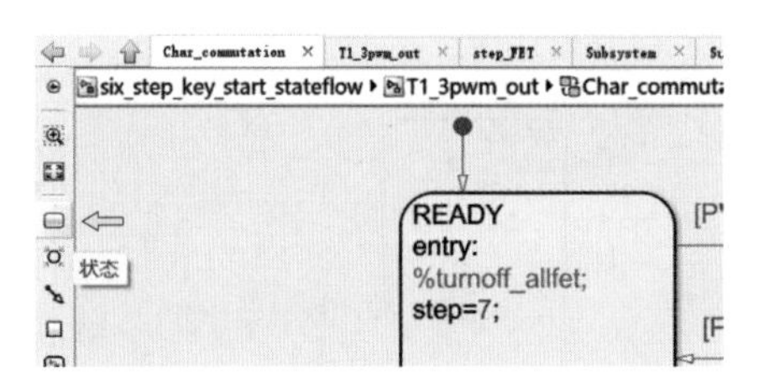

图 7.82 状态图的第一个状态设计

画布是一个绘图区域，可以在其中通过组合状态、转移和其他图形元素来创建状态图。

从左侧拖一个状态栏到模型中，第一个状态会有一个带箭头的黑点，表示当前是默认状态。状态外形可以通过拖拽进行缩放。

按照图 7.82，输入以下代码：

```
READY
entry:
%turnoff_allfet;
step=7;
```

以上代码表示进入此状态时，将 step 设为 7。

其中，READY 代表状态名称；entry：后面跟着的是进入该状态的操作；%turnoff_allfet；是注释内容，关闭所有的驱动管；step=7；表示给 step 赋值 7，设置默认状态下 step 的值。

READY 状态设计完成后，再增加 6 个状态到模型中，各状态的内容如图 7.83 设定。状态之间用鼠标左键进行连线，表示状态转移。

❶ CASE4，输入以下代码：

```
CASE4
entry:%B+C-
step=5;
```

❷ CASE5，输入以下代码：

```
CASE5
entry:%B+A-
step=1;
```

❸ CASE1，输入以下代码：

```
CASE1
entry:%C+A-
step=3;
```

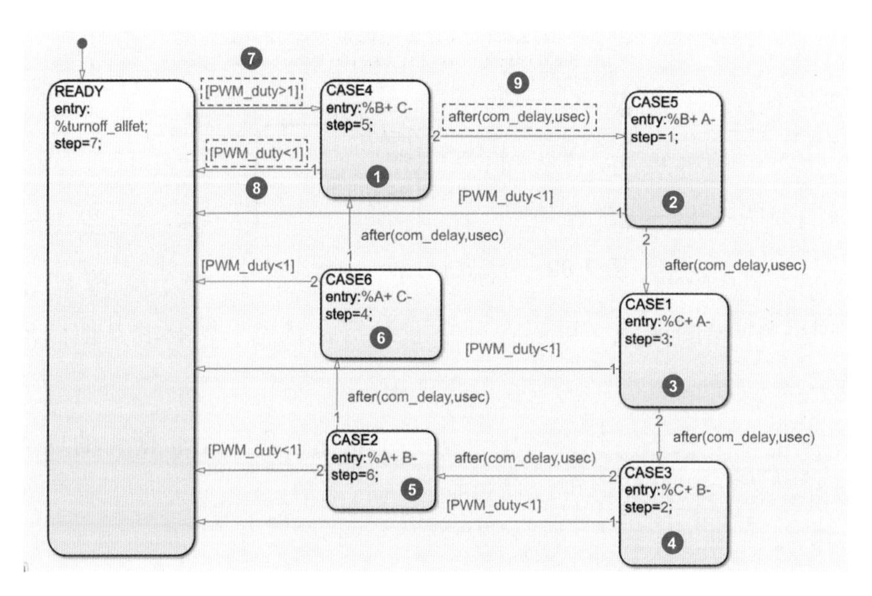

图 7.83 六步运行的状态图

❹ CASE3，输入以下代码：

```
CASE3
entry:%C+B-
step=2;
```

❺ CASE2，输入以下代码：

```
CASE2
entry:%A+B-
step=6;
```

❻ CASE6，输入以下代码：

```
CASE6
entry:%A+C-
step=4;
```

光标接近状态的边缘时会变成十字状。按下鼠标左键并保持，将引出的转移拖放到目标状态的边缘即可完成状态转移。

双击连接线，输入转移条件，条件判断输入完毕即自动添加方括号。

图 7.83 中有三个状态转移条件。

❼ PWM_duty>1，即占空比＞ 1%，进入 CASE4 状态。

❽ PWM_duty<1，即占空比＜ 1%，返回 READY 状态。

❾ after(com_delay,usec)，经过一段时间（com_delay 微秒）之后，转移到下个状态。注意，after(com_delay,usec) 是 Matlab 函数。

该状态图的功能是在占空比> 1% 的时候进入六步循环，每一步驱动三相桥式电路的不同桥臂，经过固定延时后进入下一步。占空比< 1% 的时候进入停机状态。

状态变化顺序是CASE4→CASE5→CASE1→CASE3→CASE2→CASE6→CASE4 → CASE5 →……

对应的 step 值变化顺序为 5 → 1 → 3 → 2 → 6 → 4 → 5 → 1 → 3 →……

状态 CASE4 中，step 为 5，注释是 B+C-，同时驱动 B 相上管 C 相下管，对应驱动板 PWM 信号就是 BH 和 CL 均有效。

此时调试状态图，系统会提示有未解析的符号、组件错误。在调试之前，必须定义状态图中使用的每个符号，并指定其作用域（如输入数据、输出数据或局部数据）。在“符号”窗格中，未定义的符号用红色错误标记进行标记，如图 7.84 所示。

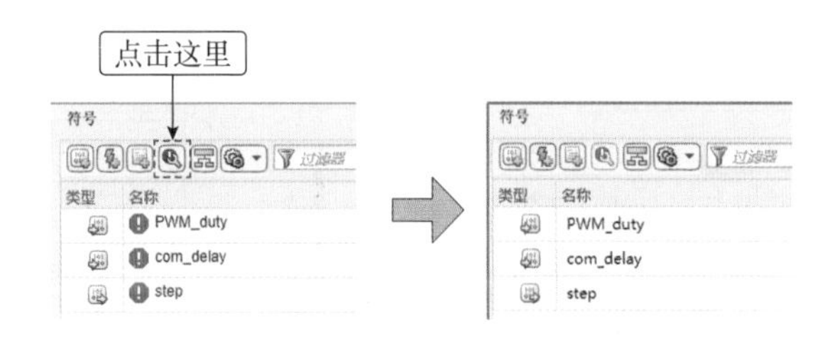

图 7.84 解析状态图未定义的符号

点击菜单“建模→符号→解析未定义的符号”（带有扳手的图标），PWM_duty 和 com_delay 会变成输入数据，step 会变成输出数据。

当某一状态（如 CASE5）为当前运行状态时，其边框会加粗显示，如图 7.85 所示。

调试状态图时，除了要在状态图外侧设置输出信号以便于观察，还需要特别注意仿真步长与 after(com_delay, usec) 函数所设定的延迟时间之间的配合关系，以确保调试的准确性和有效性。

建议第一次调试时设置固定步长为 1s，运行时间为 15s，com_delay 设为 2s，通过菜单栏的“仿真→步进”逐步观察运行结果。

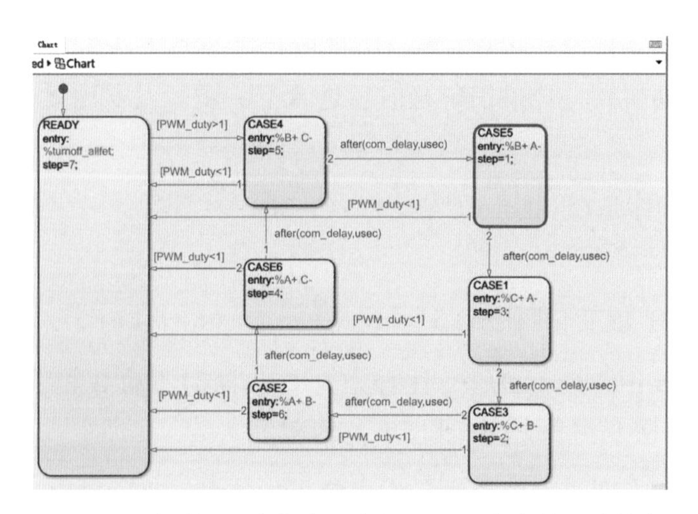

图 7.85 步进调试中状态图中的 CASE5 为当前活动状态

● LED 模块

按照图 7.86，输入以下状态内容。

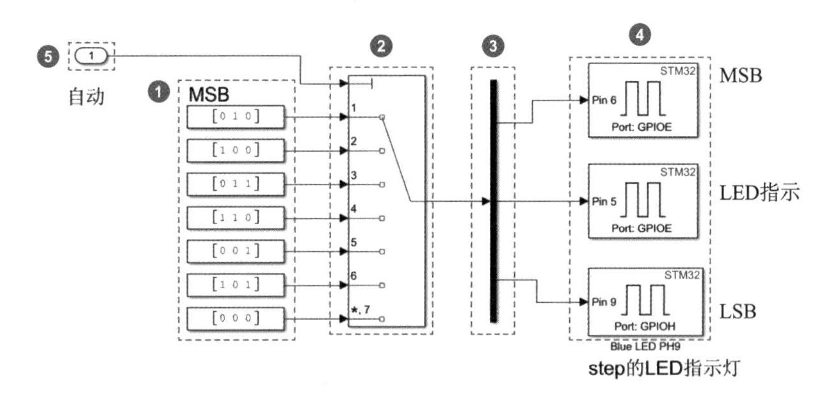

图 7.86 LED 模块模型设计

❶ Constant：7 个模块，分别赋值 [0 1 0]、[1 0 0]、[0 1 1]、[1 1 0]、[0 0 1]、[1 0 1]、[0 0 0]，如图 7.87 所示。

❷ MultiportSwitch：数据端口数量为 7，如图 7.88 所示。

❸ Demux：输出数目为 3，如图 7.89 所示。

❹ Digital Port Write：3 个模块，分别设置为 PE6（图 7.90）、PE5、PH9，端口写 1 的时候对应 LED 点亮。PE5 和 PH9 设置图参考 PE6，此处省略。

❺ In：来自换相模块的 step 信号。

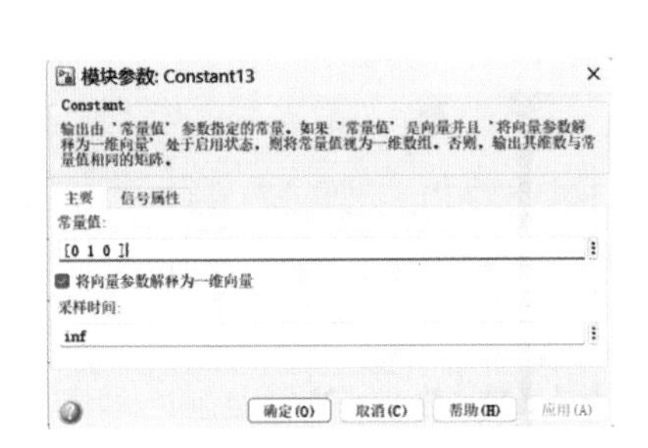

图 7.87 LED 模块 Constant 模型设置

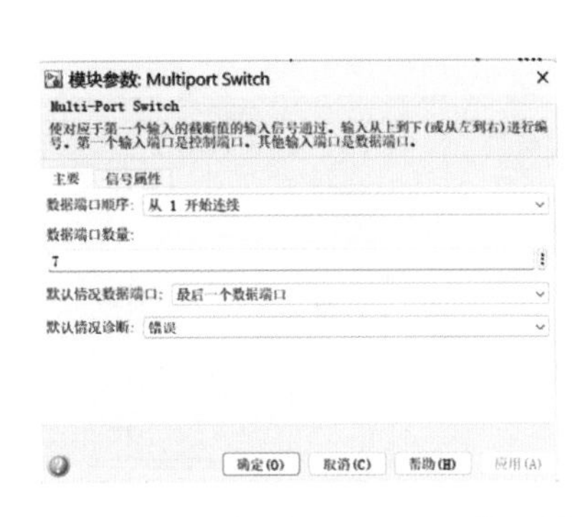

图 7.88 LED 模块 Multiport 模型设置

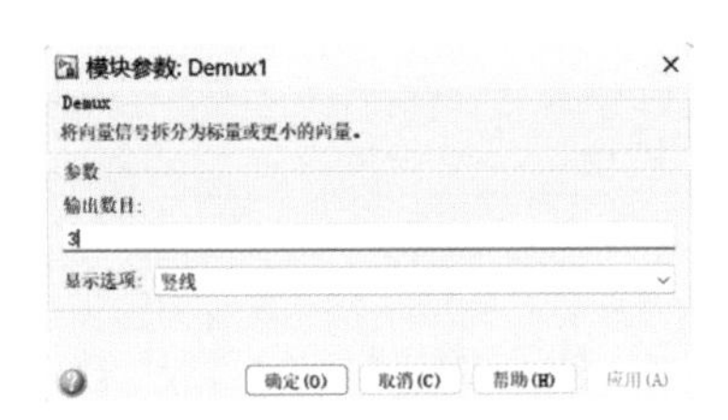

图 7.89 LED 模块 Switch 模型设置

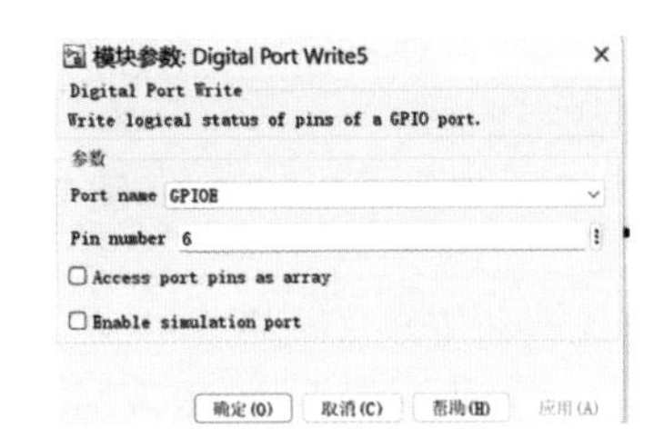

图 7.90 LED 模块 Digital Port Write 模型设置

利用开发板上的 LED 模块，通过设置合适的间隔时间（如 2s），可以直观地观察到 LED 随着 step 的顺序变化，从而判断程序的正确性，见表 7.4。该表展示了每个 step 与 LED 点亮状态的对应关系，蓝色背景表示 LED 点亮。

表 7.4 LED 模块输出结果

step 顺序变化	MultiportSwitch	LED3/PE6（MSB）	LED2/PE5	LED1/PH9（LSB）
5	001	0	0	1
1	010	0	1	0
3	011	0	1	1
2	100	1	0	0
6	101	1	0	1
4	110	1	1	0

● FET 输出模块

按照图 7.91 设定。

❶ Constant：7 个模块，分别赋值 [0 1 1 0 0 0]、[0 0 0 1 1 0]、[0 1 0 0 1 0]、[1 0 0 0 0 1]、[0 0 1 0 0 1]、[1 0 0 1 0 0]、[0 0 0 0 0 0]。

❷ MultiportSwitch：数据端口数量为 7。

❸ Demux：输出数目为 6。

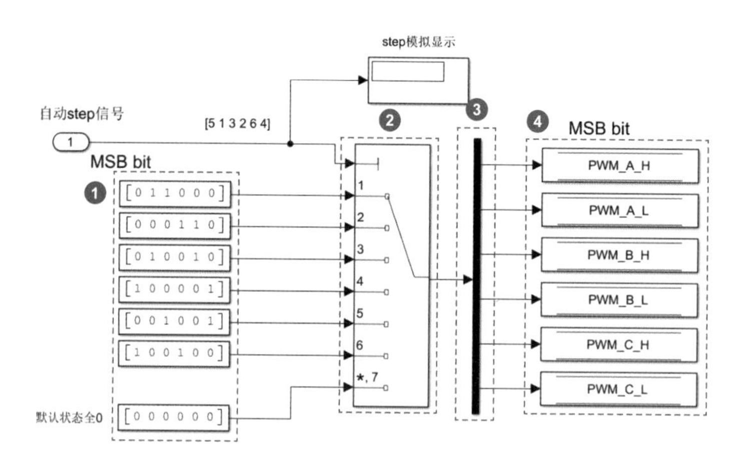

图 7.91　FET 输出模块

❹ Data Store Write：6 个模块，分别设置为 PWM_A_H（图 7.92、图 7.93）、PWM_A_L、PWM_B_H、PWM_B_L、PWM_C_H、PWM_C_L。从 Data Store Memory 模块向左侧拉出就会自动变成 Data Store Write 模块，向右拉出则自动变成 Data Store Read 模块。

图 7.92　Data Store Write 模块设置

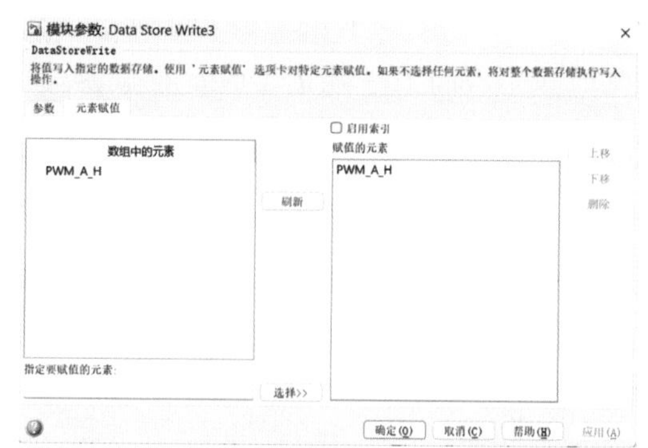

图 7.93　Data Store Write 模块设置

FET 模块依据 step 的顺序控制 DataStoreWrite 变量，从而实现对定时器 PWM 输出和普通 GPIO 端口输出的控制，见表 7.5。蓝色背景表示端口输出 PWM 或者高电平。

由输出结果可知，每个 step 的状态控制下，三相中只有两相通电，且每一相只有上臂或者下臂导通；相邻两个 step 仅有一个 DataStoreWrite 变量变化，意味着仅有一个驱动管的状态会变化。这种驱动方式不会发生某一相上下臂同时导通导致短路的情况，也无须考虑同一桥臂上下两管之间的互补和死区问题。

表 7.5 DataStoreWrite 变量输出结果

step 顺序变化	MultiportSwitch 输出数据	PWM_A_H （MSB）	PWM_A_L	PWM_B_H	PWM_B_L	PWM_C_H	PWM_C_L （LSB）
5	0 0 1 0 0 1	0	0	1	0	0	1
1	0 1 1 0 0 0	0	1	1	0	0	0
3	0 1 0 0 1 0	0	1	0	0	1	0
2	0 0 0 1 1 0	0	0	0	1	1	0
6	1 0 0 1 0 0	1	0	0	1	0	0
4	1 0 0 0 0 1	1	0	0	0	0	1
7	0 0 0 0 0 0	0	0	0	0	0	0

● 定时器输出模块

上管的通断由 PWM_A_H、PWM_B_H、PWM_C_H 信号控制，其中占空比由输入端 1 来调节，而下管的通断由 PWM_A_L、PWM_B_L、PWM_C_L 信号控制。三相桥臂控制输出具体结构如图 7.94 所示，其中虚线部分放大后即为图 7.95。

A 相按照图 7.95 设定，B 相和 C 相以此类推，可参考表 7.3。

❶ Constant：2 个模块，一个赋值 `0`，一个赋值 `999`。

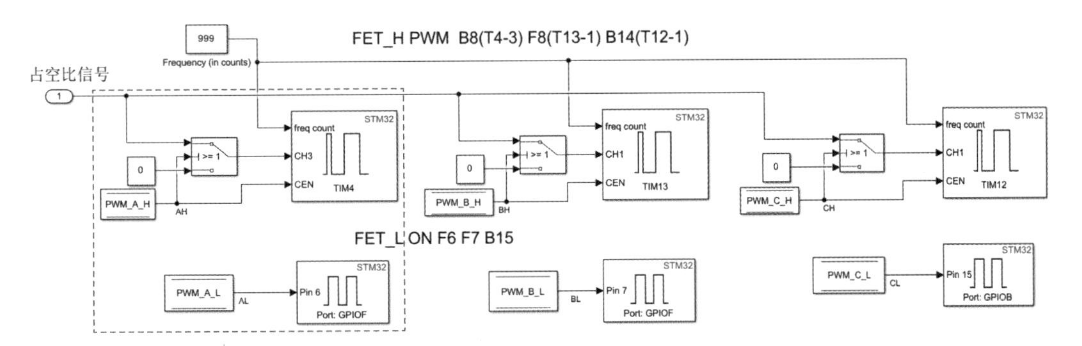

图 7.94 定时器输出模块：三相桥臂整体外观

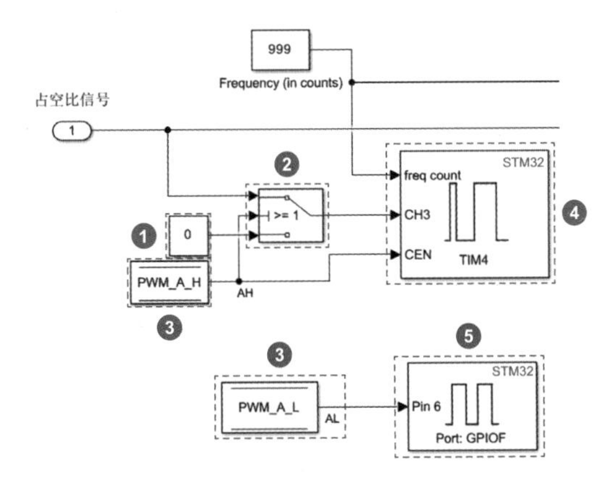

图 7.95 定时器输出模块：TIM4 和 PF6

❷ Switch：数据端口数量为 3，首个传递条件是“u2>= 阈值”，阈值为 1。

Switch 模块按照图 7.96 设定，Switch 输出与定时器通道端口连接。当控制信号有效（1）的时候，定时器通道端口与占空比信号 Duty_t 连接；当控制信号无效（0）的时候，定时器通道端口与 0 连接，也就是占空比为 0。

❸ Data Store Read：2 个模块，分别为 PWM_A_H、PWM_A_L。

❹ PWM Output：T4（CH3）。

TIM4 的 PWM Output 模块按照图 7.97 所示设定，TIM13、TIM12 以此类推。

· Duty cycle unit：选择“Percentage”（百分比）。

· Enable channel 3：勾选，通道 CH3 有效。

· Enable input to enable/disable timer：勾选，使能输入开关 CEN。

· Enable frequency input：勾选，使能频率输入 Frequency counts。

❺ Digital Port Write：PF6。

GPIO 模块 PF6 按照图 7.98 所示设定，PF7、PB15 以此类推。

· Port name：GPIOF。

· Pin number：6。

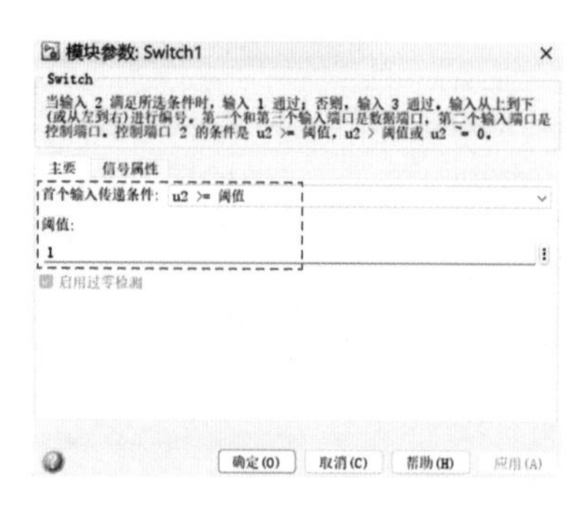

图 7.96　Switch 模块

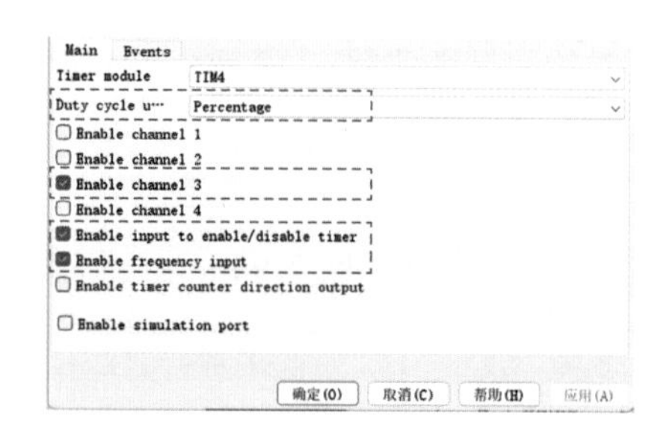

图 7.97　PWM Output 模块设置

图 7.98　GPIO 模块设置

在实验过程中，仅仅依赖 CEN 控制 PWM 的输出效果并不理想。问题在于，CEN 禁止 PWM 波形输出的时候，端口仍然会输出高电平，而使用占空比控制则能避免这种情况。

目前，Matlab2023b 中的 Simulink 还没有关断和使能定时器某一通道 PWM 输出的功能。以 TIM1 为例，它能够输出 6 通道的 PWM 信号。在 C 语言编程中，借助 HAL 库，我们可以实现对 TIM1 其中任一 PWM 通道的输出与禁止进行单独控制。然而，在 Simulink 中，只能对定时器整体进行控制，而无法单独控制某一个通道的 PWM 信号输出。

配置参数

配置参数按照图 7.99 设定。

❶“求解器选择→类型”：定步长。

❷“求解器”：离散（无连续状态）。

❸“求解器详细信息→固定步长（基础采样时间）”：0.001s。

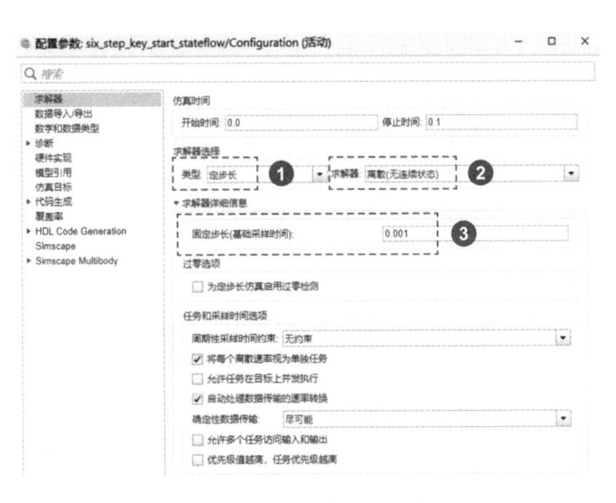

图 7.99　配置参数：求解器

就汽车控制软件而言，目标硬件就是嵌入式控制器。在 Simulink 的配置中必须明确指定硬件，才能生成出符合该硬件的正确代码。硬件实现按照图 7.100 设定。

❶Hardware board：STM32F4xx Based。

❷Hardware board settings → Target hardware resources → Groups → Build Options → Browse，选择 7.5.2 小节中的 STM32CubeMX 工程文件“simulink_3pwm-H_L_on.ioc”，如图 7.101 所示，确保由 ioc 文件导入的硬件配置信息是正确的。

图 7.100 配置参数：硬件实现

图 7.101 配置参数：Hardware Board Settings 设置

继续设置通信端口 ❶Groups → Connectivity，❷USART/UART 设为“USART1”，Serial port 设为“COM1”，如图 7.102 所示。该端口与 ST-LINK 连接端口有关，读者需要查看计算机操作系统的“设备管理器”，根据实际连接情况进行修改。建议读者设计一个简单的 LED 点亮模型以检验相应的端口设置。

代码生成按照图 7.103 设定。

❶“系统目标文件”：点击浏览，选择“ert.tlc（Embedded Coder）”。

❷“仅生成代码”和“代码和工件打包”：不勾选。

图 7.102 配置参数：USART 设置

图 7.103 配置参数：代码生成

“代码生成→优化”按照图 7.104 设定。

❶“默认参数行为”：选择“内联”。

❷“删除根级 I/O 零初始化”和“删除内部数据零初始化”：勾选。

为了检测开发板是否能够通过 ST-LINK 正确地连接到计算机，我们通常会使用 Keil 软件或者 STM32 ST-LINK Utility 软件来进行连接检测。

Simulink 模型调试无误后，确保开发板通过 ST-LINK 正确连接到计算机、点击菜单栏的❶“HARDWARE→编译、部署和启动”，如图 7.105 所示，然后等待 Simulink 处理完成，直到显示成功。

图 7.104 配置参数：代码生成优化

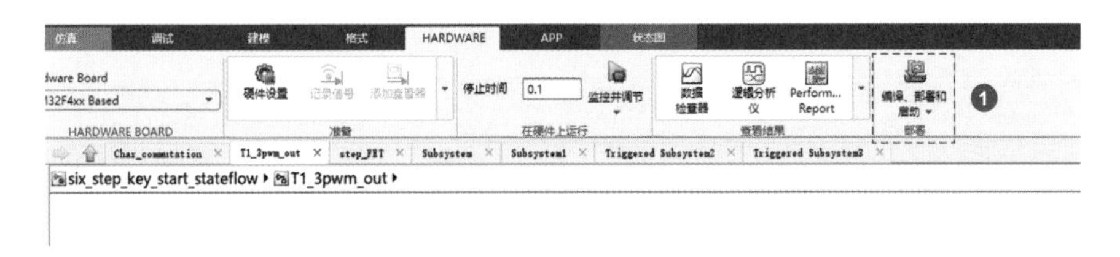

图 7.105 代码部署

Simulink 编译、部署和启动后的提示信息的结尾如下：

```
编译过程已成功完成
编译的顶层模型目标：
模型                          操作        重新编译原因
 ===========================================================
 six_step_key_start_stateflow 代码已生成并完成编译。生成的代码已过期。
编译了 1 个模型，共 1 个模型（0 个模型已经是最新的）
编译持续时间： 0h 1m 32.544s
```

看到以上的类似信息时，就表明代码自动生成并编译下载成功，这时STM32 就已经开始工作了。

参考文献

[1] 阳波 . 无感 FOC 入门指南 [M]. 北京 : 科学出版社 , 2023.

[2] 董淑成 . 基于 Simulink 模型的嵌入式代码生成 [EB/OL], https: //www. mathworks. com/videos/embedded-code-generation-from-simulink-1533841032839. html, [2024-09-07].

[3] 孙忠潇 . Simulink 仿真及代码生成技术入门到精通 [M]. 北京 : 北京航空航天大学出版社 , 2015.

[4] 基于 STMicroelectronics STM32 处理器的板快速入门 [EB/OL]. https: //ww2. mathworks. cn/help/ecoder/stmicroelectronicsstm32f4discovery/ug/Getting-started-stm32cubemx. html [2024-09-07].

[5] 基 于 STM32F4xx 的 板 [EB/OL]. https: //ww2. mathworks. cn/help/ecoder/STM32f4xx-based-boards. html [2024-09-07].

[6] 使用 Hardware Interrupt 模块在基于 STMicroelectronics STM32 处理器的板上创建 ISR [EB/OL]. https: //ww2. mathworks. cn/help/ecoder/stmicroelectronicsstm32f4discovery/ug/Hardware-Interrupt-ISR. html [2024-09-07].

[7] 使用 Analog to Digital Converter 模块支持基于 STMicroelectronics STM32 处理器的板 [EB/OL]. https: //ww2. mathworks. cn/help/ecoder/stmicroelectronicsstm32f4discovery/ug/STM32F4XX-ADC-example. html [2024-09-07].

[8] 初 学 者 一 次 性 成 功 搭 建 simulink-stm32 硬 件 在 环 开 发 环 境 [EB/OL]. https: //blog. csdn. net/weixin_41389511/article/details/134151972 [2024-09-07].

[9] Matlab Simulink 开发之旅 : Simulink + STM32CubeMX + STM32F407VET6 开发环境搭建 + 点亮“第一颗 LED 灯”[EB/OL]. https: //blog. csdn. net/Ayhuan_GJwei/article/details/134444184 [2024-09-07].

[10] BLDC 电机控制 [EB/OL]. https: //ww2. mathworks. cn/discovery/bldc-motor-control. html [2024-09-07].

写在最后

在代码生成后，要首先检查开发板与驱动板的连接，确保电机固定并接至驱动板，再连接稳压电源。通电后，轻轻旋转电位器，BLDC 应会缓慢启动。请注意，按本书模型生成的代码仅涵盖启动部分，不包括占空比限制、调速和过流保护。因此，不建议快速调节电位器，且电机启动后应避免进一步增大占空比。

从编译、部署到启动的整体过程来看，代码生成和编译耗时约 1 分 32 秒，相较于传统嵌入式开发环境，时间稍长。

本书介绍的开发环境虽然在安装和设置方面较为耗时，且硬件调试功能相对较弱，但其图形化编程方式非常适合复杂算法的验证和代码生成。Matlab/Simulink 作为 MBD 的有力工具，特别适用于应用层的软件开发。而验证嵌入式应用模型的效果，用一块 STM32 开发板和 ST-LINK 下载工具即可实现。

· 在 Simulink 中创建控制策略的模型。

· 使用 Embedded Coder 生成 C 代码。

· 通过 CubeMX 工具配置 STM32 的时钟和外设端口，这是代码生成的硬件基础。

· 使用 CubeProgrammer 将生成的代码下载至微控制器。

本书试图给出完整的 MBD 流程，从模型设计到代码生成，并将生成的代码刷入硬件，通过 BLDC 驱动板验证模型的正确性。该自动代码生成流程有效地将控制策略与寄存器配置分离，全局变量作为底层与应用层之间的桥梁。

在这个基础上，读者可以尝试遥控小车、四旋翼飞行器等创客项目的开发，但要注意以下几方面。

· 选择正确的目标硬件，不同微控制器对应的字长和数据类型有所不同。

· 避免手动修改生成的代码，即使是对控制算法的微小改动，也应在模型中调整并重新生成代码，以免造成模型与代码不一致。尤其是在复杂项目中，这可能导致严重的代码缺陷。

- 输入输出接口非常关键，这一部分容易出错。建议将接口定义的存储类管理放入 sldd 文件。
- Simulink 自身可能存在问题，生成的代码可能与模型策略不符。虽然这种情况罕见，但若遇到与预期不符的结果，建议首先排查模型中的潜在错误。
- 嵌入式代码生成的前提是算法本身已通过严格的测试和验证，确保其成熟度和准确性。

“学以致用，知行合一”，希望读者多实践、多验证，早日出成果！